家族の愛犬から、地域へ――

もか吉、ボランティア犬になる。

江川紹子

集英社インターナショナル

もか吉が
ボランティア犬に
なるまで

子どもの頃

起きているときは、まだまだ怖がり。でも寝ている姿は安心しきっています。おすわりも覚えました。

犬の幼稚園

大きい子も小さい子も相性が良ければ、みんな一緒に過ごします。みんな先生にほめてもらうのを待っています。

パートナー

もか吉は、いろいろなボランティア活動で、吉増さんの頼りになる大切なパートナーになりました。JAHA(日本動物病院協会)のバンダナ姿。

ぼうはんパトロール犬

ぼうはん
パトロール犬
和歌山市地域安全推進員会和歌山北支部・和歌山北警察署

おそろいの『ぼうはんパトロール犬』のバンダナをして、お散歩パトロール。子どもたちと一緒に歩くのが大好き。

いろんな活動

高齢者施設ではお年寄りとゆったり過ごし、子どもたちが安全に登校できるよう見守り活動では目を光らせます。『わうくらす』で子どもたちに囲まれるのも好き。

しつけは友だちとともに

仲よしさん

（上）ポメラニアンのへむへむくん、大好きな公園で一緒に「ハイ・チーズ!」（右）シェルティのプレイくんと美容室でばったり会いました。並んでトリマーさんに〝お利口〟アピール中。へむへむくん、プレイくんとはよくカフェにお出かけします。（左）もかにはネコ友もリラックス。

ネコとも友だち

もかのネコ友、トトちゃんはおとなしくて、お利口さんです。もかにチュッってさせてくれます。

大好きなまっちゃん

まっちゃんに会えた時は何より嬉しそうなもか。何年経ってもまっちゃんはもかのお父さんがわり。

ウェスティのボクくんといっしょに、笑顔のもか。ボクくんは子犬時代からの親友です。ウエスティ（ホワイト・ウエストハイランド・テリア）

皮膚と目を守るため始まった
もか吉ファッション！

ゴーグルもか

もかはゴーグルをかけると、なぜか得意げです。ゴーグルは目を花粉から守ってくれて、目の痒みがおさまるようです。「ゴーグルかっこいいー」とまわりからほめられると、さらに得意げになって。

季節に合わせて…

アレルギー性の皮膚炎になりやすいため、もかは常に服を着ています。イベントがある時には、いつもより少しおしゃれします。（下）ハロウィンやクリスマスなどには衣装や小道具を使って。（右）雨の日も楽しそう。

お散歩中にきれいなアジサイを見つけて記念撮影。「こおでしょ?」としっかりカメラ目線でキメてます。ピンクのゴーグルがかわいい。

紋付袴もか

新年のごあいさつは正装で

もかコレクション

花粉等から皮膚を守るために服は不可欠です。吉増さんは、どうせ着せるならば、「楽しみたーい!!」とコスプレを始めました。もかも楽しんいるようです。

鬼もか

節分の鬼役です。あごのせポーズも得意

ひつじもか

服に合わせて、かぶりものは欠かせません。高齢者施設で人気。おすまし顔できめてます。

帽子もバッチリ。

ねずみの帽子に服もおそろい。お散歩待ち中です。

ツリーもか

クリスマス会にお出かけです。後ろ姿が愛らしい。

春のお散歩ルック

花粉の多い春は特にゴーグルの出番が多くなります。

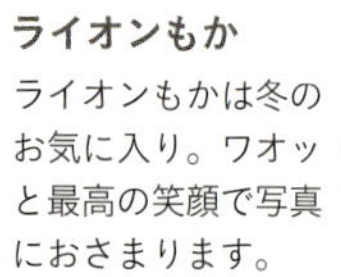

ライオンもか

ライオンもかは冬のお気に入り。ワオッと最高の笑顔で写真におさまります。

家族の愛犬から、地域へ——

もか吉、ボランティア犬になる。

江川紹子

はじめに

私が、初めて吉増江梨子さんと愛犬もか吉君に会ったのは、二〇一三年の秋。東京大学の弥生講堂で行われた、日本動物病院協会（ＪＡＨＡ）の大会でした。獣医、動物看護師のための専門的なプログラムのほか、全国各地で行われているアニマルセラピーに関する活動報告など、一般市民に向けた公開講座も開かれていました。

私は、前年の秋に、約二十年間共に暮らした猫を亡くした後、お世話になった動物病院が中核となり行っている、病院や高齢者施設への訪問活動に何度か同行し、アニマルセラピーの現場を見せてもらっていました。参加する動物の多くは、普通の家庭で飼われ、よくしつけられた犬たちです。特に印象的だったのは、重い病気とたたかっている子どもたちが、病棟内の廊下を犬と共に散歩する時の、うれしそうな、そしてちょっと誇らしげな顔でした。お母さん方も、その様子を盛んに写真に収めていました。実際の触れあいは、ほんのひとときであっても、そういう特別な楽しみが、日常の辛い闘病生活に、どれほどの励ましをもたらしているのでしょうか……。私自身が、自分の猫から与えられた和みや自信や幸せを思い返しながら、動物たちがもたらす力を感じました。

そんなこともあって、このＪＡＨＡの催しに参加してみたのです。

吉増さんも、市民公開講座での発表者の一人でした。犬の成長の過程、高齢者施設や小学校でのボランティア活動などの様子を、写真を見せながら説明し、もか吉君が「家族の愛犬」から、「みんなの愛犬」になっている様子を話しました。そして、それが吉増さんや家族にとっても、大きな喜びになっている、とのことでした。

もか吉君は、盲導犬や聴導犬のように働く犬ではありません。災害救助犬のように、特別な訓練をした犬というわけでもなさそうです。かといって、家族だけに愛されるペットとは違います。新しい動物と人との関わりが、そこから見えてくるような気がしました。

それに、それまでに私が見たボランティア犬は、プードルやテリア、トイ・プードルなどの純血種の小型犬がほとんど。雑種の中型犬で、それも野犬出身のもか吉君が、ボランティアで活躍しているのは、ちょっと驚きでした。

なにより、写真に写っているもか吉君の優しそうな目に惹かれました。

私は、発表を終えて会場を後にした吉増さんを追いかけて、外に出ました。もか吉君を抱き上げている吉増さんの周り(まわ)には、すでに人だかりができていました。今日中に車で和歌山に帰らなければならないという吉増さんに、連絡先を聞き、後日、取材を申し込みました。もか吉君がどのように育ち、どんな活動をし、地域とどのような関わりをしているのか、もっともっと知りたくなったからです。そして、もか吉君ともゆっくり触れあってみたくなったからです。

そうして、何度か和歌山に通って、吉増さんやもか吉君を取り巻く、いろんな人たちにも会いました。そこで見たり聞いたりした話を、これからお届けします。

飼い主の吉増江梨子さんともか吉が出会って4年。今ではいつも一緒の大切なパートナーに。和歌山の豊かな自然の中でくつろぐ、もか吉と吉増さん。

第1章 側溝で保護した、子犬がやってきた

始まりは、和歌山県和歌山市の郊外にある吉増さん一家にかかってきた電話でした。二〇一一年六月二十二日午前八時半頃のことです。

吉増家は、憲司さんと江梨子さん夫婦に、長女の柚花ちゃん、長男の俐空君、それに憲司さんのお母さんの美知子さんの五人暮らし。憲司さんは、二十四歳の時にお父さんが亡くなってから、大型自動車の整備や加工をする会社を引き継いで経営しています。自宅の道路を挟んだ向かいにある工場で、毎日夜遅くまで仕事をする働き者。それでも、たまに一人で魚釣りに行く以外は、休みの日には子どもたちを連れて遊びに出る、優しいお父さんです。美知子さんは、柚花ちゃんたち孫からは「アーちゃん」と呼ばれています。お料理がとても上手。とりわけ二日がかりで作る手の込んだちらし寿司は絶品です。毎日、仏壇の前でお勤めを欠かしません。柚花ちゃんは、静かに絵を描いたり本を読んだりするのが好きな、優しくて聡明な女の子。朝は、仏様にご飯をあげるお手伝いもしています。

俐空君は、逆にとても賑やかでお客さんが大好きです。少々やんちゃでお母さんにしばしば叱られますが、全然めげない元気者。わんぱくだけど近所の年下の子どもたちをかわいがる男の子です。

　この時に電話を取ったのは、美知子さん。しばらく話し込んで受話器を置くと、江利子さんにこう言いました。

「北山さん（仮名）の家の前のどぶに、子犬が三匹いるらしいわ」

　美知子さんの友人の北山さんの家の近くの山には、数匹の犬がすみ着いていました。北山さんは、この犬たちにえさをやっています。その一方で、地域の人たちと協力して、えさに眠り薬を仕込むなどして犬を保護しようという努力もしていました。でも、眠り薬が効く頃には、犬は山に戻っていて、居場所がわかりません。保護するのはなかなか難しいのです。そのうちの一匹が山の中で子どもを産んだようで、三匹の子犬連れで現れました。ところが母犬は、北山さんの所でご飯を食べた後、溝に子犬を置いていなくなってしまったというのです。溝は、ふだんはほとんど水がありませんが、雨が降ると水量が増えます。

「大雨になったら、水が溢れて、子犬たちが溺れてしまう」と北山さんが言っていたと聞いて、江利子さんは心配になりました。

朝のテレビでは、台風9号が北上中で、和歌山市も明日から雨になる、という天気予報（てんきよほう）を伝えていました。子犬たちを助けるには、急いだ方がよさそうです。

「とりあえず、ちょっと見てくるわ」

夫の憲司さんにそう声をかけて、江梨子さんはすぐに準備（じゅんび）にかかりました。子犬たちを入れる段ボール箱、軍手、バスタオル、ドッグフード、長靴（ながぐつ）などを車に積み込み、北山さんの家に向かいました。そして、家の前の溝をのぞくと……。

いました！

生まれて二カ月くらいの、白っぽい子犬が三匹。和歌山県原産の日本犬、紀州犬（きしゅうけん）の血を引いている顔立ちです。ところが、江梨子さんが溝の中に降（お）りると、二匹は勢（いきお）いよく溝の中を駆（か）け抜（ぬ）けて、山の方へと逃（に）げて行ってしまいました。

一匹だけ、逃げ遅れました。逃げようとするのですが、よたよたして足に力がありません。江梨子さんが抱き上げると、その手を軽くかみました。しかし、それでもう力尽（つ）きたらしく、あとはだらりと脱力（だつりょく）。あっさりと段ボール箱に収（おさ）まりました。

体は、泥（どろ）だらけ……だけならまだいいのですが、そのうえノミとダニがいっぱいでした。耳の中も後ろも、ダニで真っ黒。目の周りにもダニはびっしりついていて、まるで太いアイラインを引いたようです。ダニは、毛の薄いところを狙ってへばりつくから、そうなるのです。

このままでは、動物病院に連れて行くのもはばかられます。江梨子さんは、いったん家に連れて帰ることにしました。

段ボール箱ごと車に乗せましたが、子犬は声を上げず、動く気配もありません。江梨子さんは子犬が死んでしまったのではないかと心配になり、途中、何度も車をとめ、箱のふたをあけて中の様子を確かめたほどです。道中、ノミが飛び跳ねて段ボール箱にぶつかるポンポンという音ばかりが、ひっきりなしにひびいていました。

家に着くと、ノミやダニの駆除薬を使いました。首の後ろの皮膚につけると、薬が体中に広がって、二十四時間でほとんどの虫を退治できます。でも、江梨子さんは「それまで待てない」と思いました。

なにしろ、体はがりがりにやせて、口の中や目の縁は血の気を失って真っ白でした。栄養状態が悪いうえ、無数のマダニに血を吸われて、すっかり貧血状態になっているように見えました。早く、病院に連れて行って、検査と治療をしないと命が危ないかもしれません。

江梨子さんは、ピンセットを使って、皮膚に食いついているマダニを一匹一匹ひねりとりました。痛みがあるはずなのに、子犬はまったく声を上げず、横たわってなされるがままでした。

道路の向かいの工場から、従業員さんが入れ替わり立ち替わり様子を見に来ましたが、子犬のあまりの汚れっぷりに近寄ろうともせず、そそくさと戻っていくのでした。江梨子さんの夫の憲司さんもやってきました。子犬を見るなり、顔をしかめて叫びました。

「どないすんの⁉　こんな、汚い犬！」

汚いうえに、やせっぽちで、表情もなく、子犬らしい愛らしさもありませんでした。こんな犬を連れてくるのは勘弁してくれ、というのが、憲司さんの本音でした。

その一方で、憲司さんにはあきらめに近い気持ちもありました。

（これは、あかんな。絶対、「飼う」と言うやろうな。言い出したら、何のかんの言って引かないやろうな……）

なにしろ江梨子さんは、大の動物好き。小さい頃からいつも何匹かの猫と暮らしていましたし、かつては動物病院に動物看護師として勤務していました。病院に連れてこられた、病気やけがの猫を引き取ったことも何度もあります。

結婚前、デートの約束をしていたのに、江梨子さんが突然キャンセルしたことがありました。待ち合わせの場所に向かう途中、目の前で、車が猫をはねたのを見てしまったからです。江梨子さんはすぐにけがをして血だらけになった猫を保護し、動物病院に連れて行きました。憲司さんには、「今日は行かれません」と電話をしました。猫は一命を取り留めましたが、半身不随になってしまいました。その猫を、江梨子さんは家に引き取り、一年後に亡くなるまで、面倒を見ました。

結婚してからも、江梨子さんは一時、和歌山市内の動物病院に手伝いに行っていたことがありました。そこに、九歳の大型犬チョコラブラドールが連れてこられました。体はどこも悪くない、元気な子でした。鳴き声がうるさいと近所から怒鳴り込まれ、困った飼い主が、「もう飼えない。ここで安楽死させてくれ」と言うのです。

犬も命ある生き物。いったん飼い始めたら、飼い主はその命に責任があります。時間をかけてしつけをしたり、たくさん散歩に行くなどして、できるだけ吠えないようにすることは可能ですし、どうしても飼えなくなった場合も、里親を探すなど、努力しなければなりません。しかし、切羽詰まった様子の飼い主は、「飼えない」の一点張りです。犬があまりにかわいそうで、江梨子さんは自分が引き取ることにしました。実は憲司さんは、犬があまり好きではありません。突然、犬を連れてきたので驚きましたが、家の外で飼うということだったので、「番犬ならいいか」と折れたのでした。このチョコラブラドールも、この子犬が来る前年に、病気で亡くなるまで江梨子さんが面倒を見ました。

動物のことになると、こんなふうに一生懸命になってしまう江梨子さんの性格を、憲司さんはよくわかっていました。それで、今回の子犬も、ずっと世話を続ける、と言い出すような気がしてならなかったのです。

今回保護した子犬は、健康状態が心配でした。ようやく目のまわりについたダニを取り終わると、江梨子さんは以前手伝いに行っていた石田イヌネコ病院に連れて行きました。

診察の結果、子犬はバベシア症という病気に感染していることがわかりました。これは、マダニにかまれた時に、バベシア原虫という微生物が体に入り込み、赤血球にとりついて破壊してしまうものです。子犬や老犬の場合、死に至ることが少なくありません。この子犬も、かなり深刻な貧血になっていました。

すぐに治療が行われました。ただ、バベシアを完全に除去できる薬はなく、抗生剤などで活動を抑え込んで、体の回復を図っていくしかない、ということでした。寄生虫を駆除するための注射も打ってもらいました。かなり痛い注射なのに、子犬は声を上げることもなく、無表情で横たわっていました。

（この子、生きていけるかなあ）

江梨子さんは確信が持てませんでした。ただ、できるだけのことはしよう、と決めて、家に連れて帰ったのです。

家に着いても、子犬はぐったりしていました。外に置くわけにはいきません。かといって、美知子さんは犬が苦手ですし、憲司さんも番犬として外で飼うならともかく、家の中に置いておくのは嫌がるでしょう。そこで、妥協案として、玄関にマットを敷いて、その上に寝かせました。

「病気やから、静かにしておいてあげてね」と江梨子さんが言うと、柚花ちゃんも、日頃は元気いっぱいの俐空君も、こっくりとうなずきました。

夜、仕事が終わって家に戻った憲司さんは、子犬の姿を見て、

（ああ、やっぱり）

と思いました。

昼間のうちに江梨子さんから、「二、三日、家の中に入れておくから」というメールがあったのですが、憲司さんはなんとなく、「二、三日」では済まないような、予感がして

なりませんでした。

美知子さんの寝室は一階に、憲司さん一家の寝室は二階にあります。最初に子どもたちが、その後大人たちも上に上がり、電灯が消されました。すると、それまでまったく声を上げず、無表情だった子犬が、キュウキュウと鳴き始めました。母犬かきょうだいを呼んでいるような声です。

それを聞いて、江梨子さんが降りていくと声は止みました。ただ、近くに寄ると、子犬は怖がって、下駄箱の下に隠れてしまいます。しばらくして、江梨子さんが寝室に戻ると、また鳴き声が聞こえてきます。江梨子さんが降りていくと、声は止みます。そんなことを数回繰り返した挙げ句、江梨子さんは階段の一番下の段に座って、子犬を見守ることにしました。わずかにうたた寝しただけで朝を迎えました。

翌日も病院へ。そして翌日の晩も同じことが繰り返されました。

治療のかいあって、子犬は一命を取り留めました。ただ、毎晩階段で夜を過ごすのでは、江梨子さんの体が持ちません。三日目から、子犬の寝場所は二階の寝室に移りました。ただ、子犬は憲司さんが近づくとぶるぶる震えて怖がります。

結局、憲司さんのベッドを子ども部屋に移し、寝室では江梨子さんと子どもたち、そし

子煩悩な憲司さんは、

て子犬が寝ることになりました。子どもたちが子犬に夢中になっているのを見て、子煩悩な憲司さんは、

（しゃあないな……）

と折れたのでした。

子犬は相変わらず無表情ですが、江梨子さんと一緒に寝ると安心するのか、鳴き声を上げることなく、静かに眠りました。

柚花ちゃんの発案で、子犬は「もか吉」と名付けられました。全身はほぼ白いのに、顔から耳にかけてコーヒー牛乳のような色だったからです。

憲司さんの予感は当たり、こうして子犬は家の中に居場所を獲得。「吉増もか吉」としての人生ならぬ犬生を歩み始めたのでした。

子犬の頃は、さまざまな問題が

人に触られると、緊張のあまり体が固まってしまうタイプでしたが、病院のスタッフのおかげでだんだん慣れてきました。(上)ご飯のあとの歯磨きもいやがることなくできるようになりました。

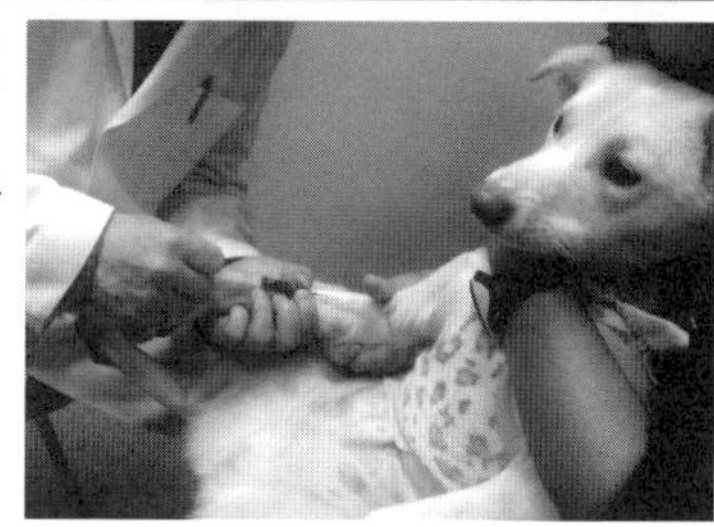

成長したもか吉の兄弟。やせていて表情もきびしく生活がいかに大変かをものがたっています。住みかの山の近くで。

吉増さんは生まれて二カ月くらいの弱っていた子犬をこの溝で保護しました。

吉増家に来たばかりのもか吉は、元気がなく無表情。

第2章 病気とのたたかいと、人嫌い

もか吉は、ふだんは「もか」と呼ばれています。この本でも、「もか」と呼ぶことにしましょう。

吉増江梨子さんがまず困ったのは、もかが市販のドッグフードを食べようとしないことでした。何種類かのフードを試してみましたが、なかなか口をつけません。

ところが散歩で外に出て、車にひかれて道路にはりついたカエルの死骸や田んぼの縁についているタニシの卵を見つけると、大喜びで食べようとするのです。一度は、タニシを口に入れ、「バリッ」と音を立ててかみました。こういうものを食べて、今まで生きのびてきたのだろう、と江梨子さんは切なくなりました。

それでも、できるだけ栄養価の高い缶詰のドッグフードを一口ずつスプーンですくって口元に運ぶうちに、少しずつ食べるようになりました。そのおいしさも、徐々にわかってきたようです。よかった、これでなんとかなる……。そう思ったのですが、まもなく新たな問題が起きました。

　せっかくよく食べても、すぐに吐いてしまうのです。しかも、それが何度も繰り返し起きます。皮膚にかゆみがあるらしく、しきりに体をなめます。なめすぎて、まもなく足の毛がはげてしまいました。

　動物病院でアレルギーの検査をしてもらいました。すると、たくさんの食べ物にアレルギー反応を起こすことがわかりました。

　ドッグフードによく使われる牛肉や大豆、小麦に加え、白身魚、卵、七面鳥、あひる、乳製品などが軒並みダメ。アレルギーの心配がない食べ物の方がむしろ少なく、安心してたっぷり食べさせられる食品は、米とさつま芋だけでした。江梨子さんはもかのために毎日さつま芋を入れた芋がゆを炊きました。

　しかももかの場合、非常に敏感な体質らしく、問題の食べ物はほんの少し口にしただけで症状が出てしまいます。子どもたちが食べたヨーグルトのカップを一なめしただけで、口の周りが赤くなってしまったこともありました。

　アレルギー反応の原因になる物質のことを、アレルゲンといいます。もかにとって、アレルゲンは食べ物だけではありません。花粉や草、大気中にただよっているほこりなど、様々なものに反応が出ます。症状が出るのを防ぐには、アレルゲンを避けなければなりません。食べられる物が限られ、栄養不足のせいか、もかの場合は、アンダーコートと呼ばれる下毛が生えてきません。毛が薄いため、アレルゲンが皮膚に付着しやすく、アレルギー性の皮膚炎にもなりやすいのです。動物病院の先生の勧めで、服を着せてみることにしました。服で体を覆うことで、アレルゲンが皮膚に付着しにくくなるうえ、かゆみが出た時に引っ掻いたりかんだりして傷になったり、なめすぎて毛がはげてしまったり、ということが予防できます。

　実際に服を着せてみると、効果はかなりありました。脱がせると、再び激しくかゆがります。そのため、寝ている時も含めて、もかは二十四時間、服を着て過ごすようになりました。幸い、今は犬に様々なおしゃれをさせる人も多く、実にいろんな種類の服が売られています。夏には、体表温度を二十五度に調節して熱中症を防ぐ機能を持った服も出ています。江梨子さんは、近くのお店やインターネットで、もかに似合いそうな服を探すのが、楽しみの一つになりました。

　アレルギーなど体調の問題以外に、心配なことがありました。もかに子犬らしい表情や仕草がまったくないことです。おもちゃを与えても遊びもしません。しっぽも振りません。

犬は散歩が大好きなはずなのに、もかを散歩に連れ出しても、ちっとも楽しそうではありません。リードをかんで不満の意思表示さえします。せっかく外に出ても、トイレを済ませるとそそくさと戻ってしまうのです。家に帰っても、ただ部屋の隅でじっとしているだけでした。

他の犬と交われば、少しは元気になるかもしれない——犬のしつけのインストラクター石田千晴さんのアドバイスもあり、石田イヌネコ病院の二階に併設されている犬の幼稚園に入れることにしました。犬の幼稚園は、他の犬やトレーナーと遊びながら、人間と一緒の暮らしに適応する「社会化」の訓練をするのが主な目的の施設です。

散歩をすれば、車やバイクが近くを通ることもあり、いろんな音にさらされます。知らない人や他の犬とすれ違ったりもします。幼い頃からそれに慣れていれば、犬もいちいち驚いたり怖がったりして、吠えたり攻撃的な態度を取ったりせず、余裕をもってやり過ごせるようになります。それが犬の「社会化」です。千晴さんが運営する犬の幼稚園では、きびしくしつけるのではなく、楽しい経験を通して、人間社会の中で暮らしていく術を犬が学べるようにします。

幼稚園を作った理由を、千晴さんはこう説明します。

「忙しい、共働きの飼い主さんだと、ワンちゃんは昼間はケージに入れっ放しになっていたりします。そうすると、ワンちゃんはエネルギーをまったく発散できません。夕方、飼い主さんが帰ってくると、うれしいのもあって、たまっていたエネルギーを爆発させるわけです。そうなると、飼い主さんは対応に困って、またケージに入れちゃったりするんですね。それが繰り返されると、ワンちゃんはエネルギーを発散することができないまま、吠えたり、乱暴な行動に出たりする、という悪循環に陥ります。幼稚園ですべてが解決できるわけではありませんが、せめてたくさん体を動かしてエネルギーを発散させ、家に戻ったら飼い主さんと穏やかに過ごせるようになってほしい。うちの場合は動物病院なので、病気をした時に怖がらずに診察を受けられるよう、犬が診察台に慣れるための練習などもしています」

幼稚園のスタッフ松下祥門さんは、初めてもかを見た時に、「目に表情がない子だな」と思いました。

「生後二、三カ月の子は、最初は警戒していても、しばらくするとチョコチョコ出てきて遊べるのが普通なんです。でも、もかちゃんの場合は、他の犬が走っているのをぼーっと見ているだけ。遊びに誘っても、とぼとぼ歩いて、すぐにぱたっと寝てしまうような状態でした」

そんなもかに、遊ぶことを教えたのは、他の犬たちでした。特に、千晴さんが世話をしている「まっちゃん」こと「まつお」がもかの兄貴分のように、面倒をみてくれました。

まっちゃんは、もかより一つ年上。日本犬の雑種で、色は茶系です。体がかなり大きく、力も強そうで、見た目はちょっと怖そう。でも実際は、とても臆病なのです。怖いあまりに吠えてしまうのが、どう猛であるかのように思われてしまう、誤解されやすいタイプのようです。まっちゃんは、千晴さんが和歌山県の動物愛護センターから引き取った、乳飲み子の七きょうだいの一匹でした。ほかの六匹は、新たな飼い主が見つかってもらわれていったのですが、きょうだいともあまり交わろうとしないまっちゃんは、一般の家庭では対応が難しいかもしれないと考えて、千晴さんが手元に残したのです。時間をかけて訓練し、信頼する千晴さんと一緒なら、たいていの場では落ち着いているのですが、まだ少し気むずかしいところがあり、他の犬との〝犬づきあい〟はあまりよくありません。

ところが、そのまっちゃんが、なぜかもかのことを気に入ったようです。もかもまっちゃんの後をついて回りました。二匹は、幼稚園の運動場でも一緒になって遊びました。もかが他の犬に乗りかかられて悲鳴を上げた時、まっちゃんは柵を跳び越えて助けに来てくれました。江梨子さんは、幼稚園からのレポートに、伏せているまっちゃんの体の上にもかが乗っている写真が添付されているのを見て驚きました。

「犬の場合、乗っている方が上位、ということになるので、親子でもない限り、他の犬を体の上に乗せたりしないのが普通。初対面の犬同士で、一方が相手の背中に前足をかけたりすると、本気のかみ合いになることもあるほどです。なのに、まっちゃんはもかが乗っかるのを許している。本当にもかのことを受け入れてくれているんだな、と感動しました」

まっちゃんは、犬同士のつきあいや人と暮らしていくうえで、大事なことをもかに教えてくれました。もかがじゃれている時に、ついかんでしまうと、まっちゃんは「ウッ」と唸ったり、もかの口を軽くかみ返したり、あるいは遊びをやめて離れて行ってしまったりします。そういうことを繰り返して、かんではいけない、と態度で示していったのです。

「もかちゃんの固まった心を溶かしていったのは、まっちゃんのような先輩犬たちでした」

と松下さんは言います。

最初は動きの少なかったもかも、しだいに表情が生き生きし、動きに躍動感が出てきました。けれども、人に対しては、なかなか慣れません。病院の中でも、人に体を触れられると、緊張のあまり全身が硬直してしまいます。怖いと吠えたり攻撃的になる犬もいますが、もかの場合は萎縮するタイプでした。散歩に出ても、人を見ると怖がります。特に苦手は高齢者。それも畑仕事をしているお年寄りがダメでした。病院の裏の静かな道でも、畑仕事をしているおばあさんを見ると、くるりときびすを返し、「もう帰ります」と言わんばかりにリードを引っ張るのでした。さらに苦手なのは男の人。特に作業服にヘルメット姿の男性は、もかにとって最悪の存在でした。目にしたとたん、しっぽも耳も下がって、ずるずると後退していきます。畑仕事のおばあさんや作業服姿の男性を怖がるのは、江梨子さんに保護される前に、そういう人たちから石を投げられたり、大声で威嚇されたことがあって、それがトラウマになっているようでした。

幼稚園では、まずは病院のスタッフらがもかが好きなおやつをあげて、人の手から物を食べたり人に体を触られることに慣れさせました。嫌いなことは、大好きなことやモノと組み合わせて挑戦させるのが原則。もかの場合、散歩に出るのは嫌いでも、まっちゃんとはいつでも一緒にいたいので、揃って散歩に出れば大丈夫でした。そうやって、外を歩くのに慣れていき、少しずつ人通りの多い所を歩けるようになっていきました。松下さんが、ヘルメットをかぶって、もかの好きなおやつをあげ、ヘルメット姿の男性に対する悪印象を和らげるなどの工夫もしました。

松下さんのレポートには、その日一日をすごすもかの様子が詳しく書かれています。たとえば――、

〈初めはいつも通り診察台の上に慣らす練習を行いました。すでにもか君にとって診察台は嫌な場所ではなくなってきていますが、やはり毎日の積み重ねが大切！　今日ももか君は診察台の上でおやつを平らげていました〉

〈午後からは、お昼ご飯の後の歯磨きタイム♪　口の皮をめくることにもほとんど抵抗することもなくなり、犬歯を磨くのもずいぶんと楽になりました〉

〈帰る前には、もか君をだっこしてお外へ。このあたりの景色にもずいぶんと慣れた様子で、車の音や人に対しても平然としていられるようになりました〉

〈トイレトレーニングもハウストレーニングもばっちりです☆

ただ、他のことに夢中になっている時の「おいで」が少し苦手のようです。「おいで」の言葉が、連れて帰られる、好きなことから離されるといった、嫌なことが起きる号令になっている可能性があります。「おいで」と言われたら、楽しいことや好きなことが起き

るという関連づけを教えてあげることで、「おいで」を強化することができます。おうちでも「おいで」の言葉の後は、おいしいおやつをあげたり、おもちゃ等で遊んであげたり練習をして下さい〉

日々、もかが少しずつ成長していく様子がうかがえます。

もかは、犬の幼稚園がすっかり気に入りました。朝、江梨子さんが二階にいる長男に向かって「幼稚園に行く時間よ～」と声をかけると、「幼稚園」の言葉に反応し、俐空君より先に、もかが駆け下りてくるほどです。まっちゃん以外の犬たちともよく遊びます。自分よりはるかに体の大きな犬とも、すぐに打ち解けて、一緒にボールを追いかけるようになりました。夕方、江梨子さんが迎えに行っても、階段の踊り場まで降りてきたもかが、「やっぱり、まだ帰りたくない！」と言わんばかりに、再び二階の幼稚園に戻ってしまったり、逃げ回った挙げ句にまっちゃんの後ろに隠れたり……。

江梨子さんは、もかが心の底から楽しめる場ができたことを喜びながらも、もかが自分よりなついている幼稚園のスタッフたちに、ちょっぴりジェラシーも感じるのでした。

何より困ったのは、幼稚園でうまくできたことが、うちではなかなかできないことでした。幼稚園では大喜びで散歩に行くようになったのに、江梨子さんと行く散歩は依然としてあまり楽しそうではありません。しっぽも下がったまま、とぼとぼ歩き、できるだけ早く帰りたがります。

男の人が苦手なもかは、家族の中でも、唯一の成人男性である憲司さんをひどく怖がりました。同じ部屋にいるのは五分が限界。それを過ぎると、吐いてしまいます。最初は、新たな病気かと思いましたが、どうやら原因は憲司さんと一緒にいることからくるストレスだったようです。

憲司さんが、いたずら心を起こして、もかの鼻をふさぐなどのちょっかいを出したことも一因だったようですが、仲良くしようとして、「もか〜、もか〜」と呼びながら近づいたり、体を触ろうとすることも逆効果で、もかに恐怖を与えてしまっていました。憲司さんが親しくしようとすればするほど、もかは憲司さんを敬遠します。これでは、一つ屋根の下で家族として暮らしていけません。

江梨子さんは困り果て、インストラクターの千晴さんに相談しました。千晴さんのアドバイスはこうでした。

憲司さんは、家に帰ってきても、もかと目を合わせたり、声をかけたり、かまったりしない。もかがいる部屋に入っても、すぐに出て行く。その際、もかが大好きなとびきりおいしいおやつをポトリ、と落としていく。

江梨子さんからこのことを聞かされた憲司さんは、「犬のくせにややこしいやつだなあ」と思いながらも、鹿肉のおやつを素知らぬ顔でポトリと落としていくことを、毎日毎日続けました。鹿肉は、もかが一番好きなおやつで、これは憲司さんだけがあげるもの、としました。

散歩の時にも、江梨子さんは鶏の砂肝やササミを干したものなど、もかが好きなおやつを必ず持って出ます。アレルギーが心配なので、必ず無添加のものを用意します。そして、畑仕事をしている人や作業服の男性を見かけると、声をかけます。

「この子に、おやつをやってもらえませんか」

「いいよ」と言ってもらえたら、おやつを渡し、手のひらに載せてもかの口元に差し出してくれるよう頼みます。服を着た子犬という珍しさもあってか、多くの人が気軽に協力してくれました。

これも千晴さんのアドバイスでした。作業服の男の人からおやつをもらえるという楽しい経験を重ねることで、過去の嫌な思い出を乗り越え、苦手意識を克服しよう、という作戦です。

こうしたやり方は、すぐには結果は出ません。根気が必要です。それでも、毎日の散歩のたびに続けているうちに、だんだんと苦手な人が少なくなりました。逆に人との接触を楽しむようになり、江梨子さんとの散歩も好きになっていきました。江梨子さんは様々な散歩コースを開拓し、できるだけ長い距離を歩くようにしました。散歩でエネルギーを発散すれば、家ではゆったり過ごせます。幼稚園に行かない日には、一日四時間歩いた時期もありました。

憲司さんと同じ部屋にいても大丈夫になるまでには、一年ほどかかりました。しかも、それがゴールではありません。家族旅行の時には、たいてい憲司さんが運転するワゴン車で移動します。幼稚園に通うので江梨子さんの車には慣れていたもかですが、閉鎖された狭い空間の中で憲司さんと長時間一緒にいても大丈夫にならなければ、家族で出かける時に連れて行くことができません。これも、やはりごほうびのおやつを使いながら、慣らしていきました。最初は、近所への買い物を短時間。少しずつ距離と時間を延ばしていったのです。

一緒にいられるようになってからも、憲司さんは家で食事をする時に、鹿肉のおやつをあげます。赤身のお刺身など、もかが食べても大丈夫なおかずがあると、少し分けてやることも。もかも、それを期待して、憲司さんの膝をチョンチョンと突いて甘えるようになりました。

犬のしつけ本などには、食事中のおねだりは無視するように、と書いてありますが、江梨子さんは憲司さんについてはいいことにしました。家族が仲良く暮らせることが、何より大切だと思ったからです。様々な努力が実って、憲司さんに抱かれるもかの写真を撮れた時には、江梨子さんは心の底からほっとしました。

憲司さんにとっても、今ではもかはかわいい存在。こうして、もかはまさしく家族の一員になったのです。

犬の幼稚園で遊びながら、子犬らしい表情を取り戻していきました。

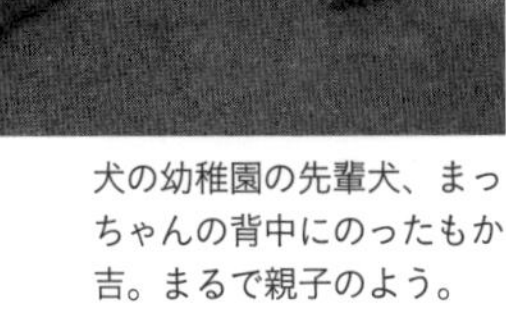

犬の幼稚園の先輩犬、まっちゃんの背中にのったもか吉。まるで親子のよう。

家族と一緒に

人嫌いだったもか。吉増江梨子さんは犬の幼稚園のインストラクターに相談しながらこれを克服。

長女の柚花ちゃん、長男の俐空君は子犬のもかにすぐ夢中になりました。

子どもたちはもかが来てから、いつも一緒に寝ています。もかもすっかり安心してのびのびぐっすり。

夫の憲司さんを子犬の頃のもかは怖がりました。根気よくトレーニングして今ではこんなに仲良し。

第3章　人に寄り添う、ボランティア犬に

吉増江梨子（よしますえりこ）さんがもかを育てていくうえで、犬の幼稚園を主宰（しゅさい）する石田千晴（いしだちはる）さんは、頼りになる師匠（ししょう）でした。

子猫を育てたことは何度もありましたが、犬を子犬から育てるのは初めて。しつけ方はすべて千晴さんに教わりました。教わった通りにやったつもりでも、「おいで」や目と目を合わせるアイコンタクトなど、幼稚園ではできることが、家ではなかなかできません。

幼稚園では散歩の途中に苦手な人や犬に会っても落ち着いていられるようになったのに、江梨子さんと一緒の散歩では、落ち着きがありません。

「どうして、私とだとうまくいかないんだろう……」

そんな悩みを、すべて千晴さんに相談しました。それだけでなく、江梨子さんも幼稚園を見学、自分のやり方のどこが違（ちが）っているのか、千晴さんやスタッフの動きを観察（かんさつ）しながら学んでいきました。

幼稚園を始める前にも、長く犬のしつけ教室などを開いていた千晴さんは、経験豊富なインストラクターです。「しつけ」といっても、犬を叱ることはほとんどありません。

「かつては、犬のしつけといえば、スパルタ教育的な教え方が一般的でしたが、今ではほめて、犬が楽しみながら教えていく方法が主流です」と千晴さん。

新しいことを教える時には、うまくいった時に思い切りほめて、ごほうびのおやつをあげます。問題行動を防ぐのにも、たとえば吠えた時に叱るより、静かにしていた時にほめることで、いい子にしていた方がいいことがある、と覚えさせます。ほめて育てるしつけ方では、犬が何を欲しているかを知って、問題行動を起こさずに済む環境を整えることに力を注ぎます。うまく環境を整えられれば、犬は自ずと問題を起こさなくなる、というのです。

ではどうやって？

もかは、なぜか電子機器類に興味を示し、それをかんでしまいます。江梨子さんの携帯電話、エアコンのリモコン、子どもたちの携帯ゲーム機……。いくつもの電子機器類が、かみ砕かれてしまいました。そういうものは、もかが届かない所に置くようにします。壊れた機器を見つけた時に叱っても、犬は何で怒られているのかわかりませんし、なかなかやめさせられるものではないため、あらかじめ問題行動が起きない環境を作るのです。

とはいっても、うっかり低い場所に置いてしまうこともあります。ほんのわずかな時間でも、もかは見逃しません。江梨子さんのバッグのファスナーを器用に口であけ、携帯電話を取り出してしまうこともありました。そのため、子犬時代に携帯電話のカメラで撮った写真のデータは、かなり失われてしまいました。

散歩中の行動を直すのにも、まずは環境を整えることに心を配ります。

江梨子さんは、散歩中にもかが苦手なタイプの人やけんかっ早そうな犬が来て、後ずさりしているのに気づくと、すぐにおやつをあげて、なだめていました。ところが、千晴さんを見ていると、苦手なタイプの人や犬が近づいてくると、もかが反応するより前に、「もか！」と優しく名前を呼んだり、おやつをあげたりして気を引いています。そうやって、苦手な人や犬が行き過ぎるのを待つのです。反応してから対応するのではなく、先を読み、もかの気持ちを察して、先手を打つのがポイントのようでした。

「すごいわ～」

その絶妙のタイミングに舌を巻きながら、江梨子さんは自分が散歩に連れて行く時に、まねをしてみます。向こうからけんか早そうな犬が来るのに気づくと、さっともかを抱きあげます。確かに、そのようにすると、もかも何ら反応することなく、問題の犬をやり過ごすことができました。

幼稚園のスタッフの松下祥門さんがやってもうまくいかないことが、千晴さんだとすんなりできてしまうこともありました。たとえば、散歩の途中、リードをぐいぐい引っ張る癖。江梨子さんだけでなく、松下さんとの散歩でも、もかはずんずん歩いて右に左にリードを引っ張ります。ところが、千晴さんがリードを持つと、もかは千晴さんとペースを合わせて、ゆったり歩いています。

そのコツを、松下さんが幼稚園のレポートに書いてくれました。

〈僕と何が違うのかを調べるために、リードを千晴先生に持ってもらい、いざ散歩へ。

確かに、もか君はほとんど引っ張っていませんでした。そこで気づいたことですが、僕と先生では、歩いている場所が違っていることが判明しました。僕は道のまん中を歩いていましたが、先生は道の端を歩いていました。

そんなことで変わるのか？と思うかもしれませんが、実際に僕も道の端を歩いてみると、ほとんど引っ張ることなく歩くことができました〉

千晴さんは、道路の端のフェンスや溝と自分の間をもかに歩かせた理由をこう説明します。

「そうすると犬の行動範囲が横に広がりません。前の方に引っ張りそうになったら、ほんの少し自分の足を犬の前の方に出してみるのも効果的です。ただし、道の端にはいろんな物が落ちているので、拾い食いの激しい子の場合は要注意ですが」

　これを知って、江梨子さんもさっそくまねをしてみました。さらに、前にぐいぐい引っ張る時は、リードを引っ張り返して止めるのではなく、飼い主がただ黙って立ち止まればよいことも、教わりました。犬が引っ張るのをやめたら、また前へ。それを繰り返すことで、リードを引っ張るとかえって前に行けない、ということを犬に覚えさせるのです。こんなふうに、千晴さんを徹底的に観察し、まねをする。その繰り返しでした。

　こうした叱らないしつけ方は、アメリカで開発され、一九九〇年代に日本に持ち込まれました。千晴さんは、それより前の一九八三年、獣医師の夫と共に渡米。ワシントン州立大学獣医学部で行われているペット＝ピープル・パートナーシップ（＝ＰＰＰ、人とペットの絆）プログラムのボランティアとして活動しながら、こうしたしつけ方を学びました。

　ＰＰＰプログラムは、人間と動物との関係やペットの扱い方について研究し、それを応用して動物を介在させるセラピーや教育などの実践を行います。高齢者施設や刑務所でお年寄りや受刑者が動物と触れあうことで、様々なよい効果を生んでいます。千晴さんは、実際に高齢者施設でのセラピープログラムや子どもを対象にした教育プログラムに自分の猫を連れて参加しました。

こうしたプログラムには、普通の家で飼われている犬や猫を連れたボランティアがやってきます。犬や猫と触れあうと、それまであまり表情がなかったお年寄りの顔にも笑みが広がりました。言葉での意思疎通が難しい人でも、動物をきっかけに昔話が弾むこともありました。不自由な手を懸命に動かしながら犬をなでる人、寝たきりの体を起こそうとする人もいました。千晴さんは、お年寄りたちの変化に「すごい！」と感動しながら、「ぜひ、日本でもやってみたい」と思いました。

千晴さんは、子どもの頃から動物が大好きで、なんとかして殺処分されるなどかわいそうな動物を減らしたいと思っていました。ボランティアなどで人の役に立つ動物が増えれば、社会の動物を見る目が変わっていき、動物を巡る状況も改善されていくのではないか、という希望も湧いてきました。

しかし、帰国して和歌山に戻っても、周囲にはそのようなペットやボランティアがいませんし、受け入れ先もなかなか見つかりません。あちこちの施設を訪ねてみましたが、「なんで動物を？」と怪訝な顔をされたり、趣旨をなかなか理解してもらえずに、「サーカスみたいなことをしてくれるんだったら、来てもらいたいが」という反応しか返ってこなかったりしました。それでも、伝手をたどって受け入れてくれる高齢者施設が見つかりました。最初は、アメリカから連れ帰った猫と一緒に、千晴さんが一人で訪問を始めました。そのうち、知人のゴールデン・レトリーバーの飼い主が参加するようになり、地道な活動を続けました。今では、こうした犬や猫のボランティア活動を推進している日本動物病院協会（ＪＡＨＡ）の和歌山チームリーダーとして、数人のボランティアと一緒に、四、五カ所の施設を訪問しています。

　幼稚園に通うようになって半年ほどした頃、千晴さんは高齢者施設に、もかを連れて行って、様子を見てみることにしました。その理由を、千晴さんはこんなふうに説明します。

「もかちゃんが、どんどん人を好きになっていったのがわかりました。男の人が苦手なのも乗り越えました。元々性格が穏やかで、気持ちも安定しているし、人に自然になじんで、甘えるのもとても上手なんです」

　高齢者施設では、お年寄りの多くは車いすに座っていて、急な動きがありません。そういう人たちは、犬にとっては不安のない安全な存在なので、もかにも負担はないだろう、という判断もありました。

クリスマスを控えて、施設にはクリスマスツリーが飾ってありました。他のボランティアやその犬たちがお年寄りと交流をしている間、もかはクリスマスツリーの下で、お腹を出して気持ちよさそうに寝ていました。初めての場所で、周囲は初対面のお年寄りばかりなのに、すっかりリラックスしているもかの様子を見て、千晴さんは「この子は、向いている」と確信しました。

その話を聞いた江梨子さんは、初めはびっくりしました。でも、千晴さんから「向いている」と言われ、俄然やる気が湧いてきました。

「もしかしたら、うちの子、セラピー犬になれるかも⁉」

江梨子さんも、ボランティアとしてもかと共に高齢者施設訪問の活動に参加するようになりました。初めは、雰囲気に慣れるために、お年寄りからおやつをもらうだけ。その後、なでられたり、膝の上に抱かれたりなど、触れあいの機会を増やしていきました。

当初は慣れない活動に、江梨子さんは緊張気味。その様子を見て、千晴さんは「無理をしないように。もかが少しでもストレスを感じているようなら、下がって」とアドバイスします。江梨子さんは注意深く見ていましたが、もかは自分よりずっとリラックスしているようでした。

ボランティア犬の中には、芸を覚えるのが得意で、それを披露してお年寄りを楽しませ、拍手喝采を浴びる犬もいます。一方のもかは、ただなでられたり、その場で寝たりしているだけ。けれども、その優しい目とおっとりした振る舞いは、初対面の人の心を自然に和ませます。寝姿だけで周囲の人を癒やす、という点では、少し猫に似ているところもあります。そのせいか、犬はちょっと苦手で猫が好き、という人が、しばしばもかのファンになります。少しでもお年寄りとの触れあいがしやすいようにと、江梨子さんとトレーニングを重ね、お年寄りの膝の上にあごを乗せる〝技〟もマスターしました。

和歌山市内で特別養護老人ホームやグループホーム「山口葵園」を運営する社会福祉法人山口葵会（坂部朝彦理事長）では、二〇一二年十月から千晴さんをチームリーダーとするボランティアグループによるアニマルセラピーの活動を始めました。月に一回の訪問に、毎回、二十人前後の入所者が参加します。

副園長の坂部よしみさんは、動物と接する効果を、こんなふうに実感しています。

「認知症が進んで、いつも難しい顔をしていて、どの職員が対応しても怒っている方が、犬や猫と接すると顔がほわ～っとなるんです。今まで一度も笑顔を見たことがない、という人さえ、犬をだっこすると、柔らかい表情になって、『こんなに変わるのか』と驚かされることがしばしば。最初は、吠えたらどうしよう、かんだりしたらどうしようと心配もしましたが、よくしつけられたワンちゃんの力というのはすごいです」

坂部さんによると、認知症患者の怒りや不機嫌は、ある種の防御反応。動物と触れあっている間は、警戒心がほぐれ、気持ちが安らぐのでしょう。

職員に「毒を飲まされた！」と訴えたり、車いすが動くたびに顔をしかめて「痛い、痛い」と叫ぶという女性も、猫を膝に置いたり、犬をなでたりしている間は、とても穏やかな表情でした。

老人ホームに入居するある女性の娘さんは、関東地方に住んでいるのですが、犬たちの訪問がある日に、よく面会にやってきます。女性は認知症が進んで、一対一では親子でも会話が難しい状態になっていますが、動物と触れあっている間は、不思議と少し話ができるからです。

「ほんの短い時間かもしれないけれど、動物を『かわいい！』と感じて、幸せな気持ちになれるのは、大事なことじゃないかと思うんですよ」と千晴さん。坂部さんや施設のスタッフは、その言葉に大きくうなずきます。

ボランティア犬はトイ・プードルなど賢くて人なつこい洋種の小型犬が多いのですが、お年寄りが昔から馴染んでいるのは、もかのような雑種の日本犬。そのせいか、もかとの触れあいが、若い頃に飼っていた犬を思い出すきっかけになることもあります。

ある時、百歳の女性が、もかを見て「昔、こんなん（犬を）飼うてた」と語りました。家族や施設職員とも会話をすることがまったくできなくなっていて、誰もが彼女の肉声を聞くのは久々。この日のもかは、着物風の服を着ていたのですが、女性はその帯を触り、懐かしそうにしていました。そこで江梨子さんが「昔はよくお着物着られてましたか？」と尋ねると、「そうやねぇ」という言葉が返ってきました。見事にかみ合った会話に、その時面会に来ていた親族は、驚き、喜びました。

その数日後、この女性は亡くなりました。親族は誰も彼女が犬を飼っていたことは知らなかったそうですが、後で調べてみたら、子どもの頃の家族写真に、もかに似た白い犬が写っていた、とのことでした。もかとの触れあいで、九十年も前の記憶がふっと蘇ったようです。

それを知らされた時、江梨子さんはこう思いました。

「亡くなったのは残念だけど、もかと触れあったことで、最後の最後にかわいがっていたワンちゃんとの幸せな子ども時代を思い出してもらえたなら、よかった」

このような経験を重ね、訪問活動に意義（いぎ）を感じた江梨子さんは、他の施設も含めて、週に一、二回はもかを連れて参加するようになりました。ただ、一つだけ気がかりだったのは、もかの気持ちでした。

「おとなしいし、施設ではどんなお年寄りに対しても怖がることもなく、のんびりとしているんですけど、最初は高齢者が苦手だったはず。慣れたとはいえ、嫌いだったものが、好きになるとは思えないし、もしかしたら私が行きたがっているから、がまんしてつきあってくれているのかな、という気もしました。千晴さんは『リラックスしているから大丈夫よ』って言ってくれるんですけど、本当にもか自身が楽しいと思っているのかどうか、今ひとつ確信が持てなかったんです」

そんなある日、散歩で公園に寄ると、車いすのお年寄りがいました。それに気がついたもかは、しっぽを振りながら自分から近づき、まるで「もかですよ～」とあいさつするように体をすり寄せました。

その後も、車いすや杖（つえ）をついたお年寄りを見かけると、もかが近寄っていくことが何度もありました。その姿を見て、江梨子さんは安堵しました。

「施設のように、そういう行動が期待されている場でなくても、自分から近づいていく。この子はこの子なりに楽しくてやっているんだな、とわかって、ほっとしました。そういう姿を見て、もかが楽しんでいるなら、もっと積極的に活動していきたい、と思いました。ただし、あくまでもかが主体。私はあくまで黒子で、身の回りのフォロー役に徹しようと心に決めました」

もかのやさしい目や振る舞いに、高齢者施設のお年寄りも心が和みます。

第４章　動物愛護教室「わうくらす」でのふれ合い

もかは一歳になると、和歌山県と和歌山市の「わうくらす」のボランティア犬の試験を受けました。

「わうくらす」とは、Wakayama Animal Welfare Class（和歌山動物愛護教室）の略で、和歌山県動物愛護センターと和歌山市保健所が、市内の小学校で総合的（そうごうてき）な学習の時間などを使って、犬との接し方や飼い方、捨てられた犬や猫について学んだり、犬を通して命を実感する連続講座を行います。テーマによっては、ボランティア犬が飼い主と共に参加します。

子どもたちと直（じか）に接するので、ボランティア犬は健康診断で問題がないことを確認したうえで、吠（ほ）えたり、かんだりといった攻撃性（こうげきせい）がないことや、基本的なしつけができていること、急な物音がしたり体を触られてもゆったりしていられることなどが求められます。

また、子どもは体が小さく、威圧感（いあつかん）がない一方で、予測（よそく）できない動きをする場合があるため、苦手な犬もいます。もかは、吉増家の二人の子どもと毎日接しているし、その友だちもよく遊びに来るので、子どもの動きには慣れています。

ボランティア犬になるための試験では、大勢の作業服を着た男の人に囲まれて、聴診器を当てられたり、体を触られたり、他の人がリードを持ってもちゃんと歩けるかをチェックされたり……。「ふせ」や「おすわり」「ハウス（ケージに入る）」といった基本的な指示に、どう対応するかも確認されます。さらに、近くで急に鍋が落ちてきて大きな金属音をたてた時に、どういう反応を示すのかも観察されます。子どもたちに万が一のことがあっては困るので、厳格に適性が審査されるのです。

県の試験の時には、江梨子さんの緊張がもかにも伝わってしまったようでした。しっぽは下がりっぱなしで、ごほうびのおやつも食べられない状況。それでも、大きなミスはなく、なんとか合格しました。市でも同じような試験がありましたが、二度目だったことや、試験官の中に石田千晴さんがいたこともあって、江梨子さんももかもリラックスして試験に臨むことができました。

和歌山市の「わうくらす」は二〇〇七年度から始まりました。四回から五回の連続講座で、命の大切さや動物を飼う時の責任などを学びます。当初、四校で授業が行われましたが、評判がよく、実施校が増えて、二〇一五年度の実施校は十三校。もかは、二〇一二年の九月から参加しています。千晴さんに連れられたまっちゃんともよく一緒になります。ボランティア犬は、他にトイ・プードルやシーズー、ヨークシャー・テリアなどの小型犬がいます。

授業に参加する時には、四十八時間以内に、シャンプーをし、本番の少し前にトイレを済ませておきます。

一回目「犬との接し方」では、市保健所に勤務する獣医師の渡邊喬さんが、最初に犬と触れあうための方法を話します。その内容は、たとえば――。

飼い主と一緒に散歩をしているかわいい犬を見つけて、触りたくなったらどうしますか？

まずは、飼い主に「こんにちは」とあいさつし、「かわいいワンちゃんですね。触ってもいいですか」と尋ねます。「いいですよ」と言われたら、最初は手をじゃんけんの「グー」にして、下の方から犬に近づけ、鼻でにおいをかいでもらいます。上の方から接近したり、いきなり手のひらで頭や背中を触られるのは、犬にとっては怖いことだからです。しゃがんで胸のあたりを優しくなでます。そして、最後は「ありがとうございました」とお礼を言って、立ち去ります。

それから、飼い主からはぐれた犬が近づいてきたらどうしますか？

決して走って逃げてはいけません。犬は、逃げるものを追いかける習性があるからです。犬は足が速いので、どんなにかけっこが得意な子でも逃げ切れません。怖くてもがまんして、木になったつもりで目をつぶって腕を組んで、じっとしています。犬はくんくんにおいをかぐかもしれませんが、そのうち去っていくでしょう。

渡邊さんが、「犬が本気を出したら、種類によっても違うけど、五十メートルを三秒で走ります」と説明すると、子どもたちから「えーっ!!」と驚きの声が上がります。

こうした説明の間、もかたちボランティア犬は会場の横に並んで待機しています。もかは、たいてい江梨子さんが敷いてくれた敷物の上で寝そべってお昼寝です。他の犬たちも、飼い主さんの足元でゆっくり出番を待ちます。

渡邊さんの話が一段落すると、さあ、もかたちの出番。子どもたちがいくつかの班に分かれて、聞いたばかりの話を実践するグループワークです。

各班に、ボランティア犬と飼い主がつきます。中には、犬が怖くてどうしても近づけない子もいます。そういう子は、少し離れて座っていてかまいません。他の班にいて、犬が怖くて泣いていた子も、おっとりと穏やかなもかなら大丈夫かもしれないと、もか班に移ってくることもあります。犬のアレルギーがある子は、前もって申告してもらいます。毛が抜けないのでアレルギーの症状が出にくいプードルの班に入ったり、症状によっては手袋をつけたり、さらに重度の子は距離を置いた所で見学するようにします。

グループワークでは、まず一人ひとりあいさつをして、「最初はグー」で犬と触れあいます。木のようにじっとしている練習の時には、子どもたちの間を、もかが回ってくんくんにおいをかいだりします。それが終わると、江梨子さんは残りの時間に、もかについてのいろんな話をします。

ある日の授業では、もかがいつも使っている歯ブラシを取り出しました。もかは、静かに横になって、歯を磨かれています。歯磨きが上手にできるようになるまでには、最初はごほうびのおやつが必要でしたが、今では「もか、おりこうだね」とほめてあげるだけで、できるようになったことを説明しました。ごほうびをあげる時も、必ずその前に「もか、おりこうだね」と思い切りほめます。ほめずに、ただ食べ物だけ与えるのでは、ごほうびのおやつがなければ言うことを聞いてくれない犬になってしまうからです。

「ワンちゃんは、ほめられるのが大好き。みんなも、ほめてもらうとうれしいやろ？　おうちに帰ったら、『ママ、僕のこと、私のこと、もっとほめて』って言おうね」

江梨子さんがそう言うと、子どもたちは大きくうなずきます。その後は、もかとの触れあいタイム。「だっこしたい」という要望があれば、一人ひとりに座ったままだっこを体験させます。もかは、十六キロあるので、小さな子は一人ではなかなか抱(かか)えきれません。そんな時は、江梨子さんが支えます。もかは、どの子にもおとなしく抱かれています。

「おも〜い！」「あったか〜い！」

子どもたちから、こんな歓声(かんせい)が上がります。江梨子さんは、優(やさ)しく語りかけます。

「その重さ、温かさが、命の重さ、命の温(ぬく)もりなんだよ」

この授業は、犬を好きになるためではなく、犬を知る、動物のことを考えるためのものなので、最後まで犬と触れあうことができなくても構いません。けれども、生まれて初めて犬を触ることができた、という子どもの話を聞くと、江梨子さんはやはりうれしくなります。苦手なものが少なくなれば、その分人生の幅(はば)や喜びが広がるからです。怖くない犬もいるとわかれば、いつか犬を飼ってみたいと思うかもしれません。

野良犬(のらいぬ)や人間に捨てられた動物についての授業もあります。当初は、犬は参加せずに渡邊さんが一人で行うプログラムでしたが、途中(とちゅう)からもかと江梨子さんも加わるようになり乗り出します。授業中、おしゃべりが多い子も、もかが前に出ると、一斉に静かになって、身を乗り出します。

江梨子さんは、もかを保護した時の話や野良犬生活の厳しさを話したうえで、今も山で生活しているもかのきょうだいのパネル写真を見せました。北山さんの家の近くまで出てきたところを、望遠レンズで撮ったものです。きょうだいだけあって、姿形はもかに似ていますが、悲しそうな目をして、人間を警戒しています。

「楽しそうに見えるかな？」

そう問いかけると、子どもたちは口々に叫びます。

「見えな～い」

次に、もかが満面の笑みでいる写真を見せると、一斉に歓声が上がりました。

「人の手で大事に飼われているかどうかで、こんなにも違うんだよ」

江梨子さんのこの言葉を引き取って、渡邊さんが飼い主が「もう飼えない」と言って、保健所に連れてこられる犬の話をします。どうしたら捨てられる犬を減らせるか、子どもたちの意見を聞きながら、授業は進められていきます。

「もかがいると、子どもたちには、言葉で説明するだけより、ずっと伝わりやすい。ほとんど毎回の『わうくらす』に参加してくれて、もかの存在は欠かせません」と渡邊さん。

二〇一四年度には、全校児童が十人という小さな小学校で、江梨子さん一人が講師になって動物愛護の授業をやりました。和歌山県の北西部の山深い地域にある有田川町立五西月小学校は、二年続けて入学児童がなく、その年度で休校が決まっていました。最後に、子どもたちに「わうくらす」の授業をプレゼントしたい、という田中政宏校長の思いを、友人から聞いた江梨子さんが引き受けることにしたのです。いつもと違って、一時限を一人で全部組み立てなければなりません。子どもたちにわかりやすいように、退屈しないように、クイズなどを入れて、授業を準備しました。

この学校の子どもたちの身の回りには、室内で飼う愛玩犬はおらず、犬といえばもっぱら番犬。そのため、「吠える」「飛びつく」というイメージが強く、十人中四人は犬に恐怖心や苦手意識を持っていました。犬に追いかけられる経験をして嫌いになった、という子もいました。もかは自分の方から近寄っていくことはないので、そういう子にも安心です。犬好きな子がもかをなでている様子を見て、初めは距離を置いていた子も、そろりそろりと近寄ってきました。人数が少ない分、一人ひとりがゆっくり触れあうことができます。子どもの方からも質問がたくさん出ました。

「もかはなにを食べるの？」「今日のおやつは何？」「なんで吠えへんの？」……

もかが寝ているのを見て、「今、疲れてる？」と気遣ってくれる子もいました。

この授業に寄せる思いを、江梨子さんは自身のブログの中でこんなふうに書いています。

〈「わうくらす」では、犬とふれ合う、犬を好きになってもらうことが目的ではありません。

犬という動物を知ってもらい、動物の気持ちを考えて行動する。

そこから、人同士も動物に対しても思いやりを持つ。

好きじゃなくても、動物にも感情があってそれをちゃんと表現してるんだよ。

それを知ってもらえば、きっと自然に命の大切さを感じてくれるはず……私はいつもそう思って子どもたちに話すようにしています。

そうすれば、好きじゃなくても動物のことを知っている子どもたちが大人になった時、もっと動物のことを考える社会にしてくれるんじゃないか……そんな期待をいつも持っています〉

最後の四回目の授業は、通常の「わうくらす」とは違って、「もかの飼い主になろう」をテーマにしました。飼い主になったつもりで、リードを持って体育館の中に作った散歩コースを一緒に歩き、「ハウス!」の指示でケージの中に入れるまでを、一人ひとりが実践。しっかりアイコンタクトをして、リードは張らずにゆとりをもって一緒に歩き、指示通りにできたら、思い切りほめて、おやつをあげます。これまでの授業で教わったことの集大成。全員が上手にできました。

再び江梨子さんのブログです。

〈簡単そうに見えて、初めてリードを持たれる相手について歩くのは、指示がしっかりしてないと犬には不安に感じることがあります。

もかの歩くスピードを気にしながら、リードが張らないように、もかを気遣って歩く子どもたち。

子どもたちを信頼するもかの表情、やさしく話しかける子どもたちの表情。

互いに大切に思うこと。

それこそが、命を大切にしあうこと。

子どもたちに伝わったかな◁・w・◁〉

最初の授業で一番犬を怖がっていた男の子は、もかと大の仲良しになりました。もかが学校に着くと、まっ先に近寄ってきて、授業が終わっても、なかなかそばを離れません。

〈犬が怖い、と今まで犬と関わってこなかったからか、もかのすべてに興味津々(きょうみしんしん)でした。相手を知る。興味を持つ。知れば思いやる心が育つ〉

江梨子さん自身も、一時間の授業を一人で四回にわたってやりきったことで、自分自身が少し成長したように感じました。

翌年(よくねん)二月に行われた休校式。もかは、羽織袴(はおりはかま)風の晴れ着を着て、子どもたちを見守りました。

休校式が終わった後、羽織袴姿のもかを見つけた子どもたちは大喜び。

もかも子どもたちも楽しそう。

もかとのふれ合いタイム。「だっこしたい」子どもたちは、一人ひとり座ったまま、もかをだっこ。

飼い主になったつもりで、リードを持って体育館の中に作った散歩コースを一緒に歩きます。

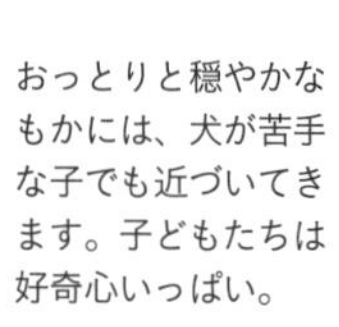

おっとりと穏やかなもかには、犬が苦手な子でも近づいてきます。子どもたちは好奇心いっぱい。

一回目の授業では犬
が怖いと目を合わせ
ることもできなかっ
た子が2回目の授業
ではすっかり仲良し。

第5章 それからも、山あり谷あり

ボランティア活動を始めてから、二人一組で行動することが増えたせいか、もかとの絆(きずな)は以前よりずっと強くなっていくように、吉増江梨子さんは感じていました。

最初にそれを実感したのは、もかが一歳になった秋にあった愛護(あいご)イベントの時でした。

こうしたイベントでは、インストラクターの石田千晴さんが犬のしつけなどについて説明するのですが、そのデモンストレーションにもかが協力するようになりました。千晴さんが説明をしながら、もかのリードを持ってハンドリングのお手本を示すのです。もかは、犬の幼稚園の先生でもある千晴さんが大好きで、ボランティア活動の場でも千晴さんが現れると、大喜びで寄っていきます。人前でのデモンストレーションも、もかと千晴さんとの息は、ぴったり合っていました。ハンドリングのコツをつかもうと、江梨子さんはいつも身を乗り出すようにして、千晴さんの一挙手一投足(いっきょしゅいっとうそく)を注視(ちゅうし)していました。

この時も、いつものように千晴さんが「もかちゃんをちょっと貸してね」とリードを受け取りました。その時、ほんの一瞬ですが、もかが体をぶるっと震わせ、ためらう様子を見せたのです。

千晴さんは、それを見逃しませんでした。そして、「今日は吉増さんがやって」と、リードを江梨子さんに返してきました。

もかと江梨子さんは、千晴さんがマイクを使って説明するのに従って、犬がリードを引っ張らずに並んで歩く練習の仕方をやってみせました。集まった人たちやその愛犬たちの前、江梨子さんの横で、もかはしっぽをしっかり上げて、堂々と歩きました。江梨子さんとのアイコンタクトもちゃんとできました。

（やっとや〜。やっともかに認められた！　私のハンドリングを、もかは納得してくれているんだ‼）

そう思うと、江梨子さんは、飛び上がりたいほどうれしい気持ちでした。

「それまで、もかは私と活動をすることは楽しいのかな、と自信が持てないところがありました。高齢者施設でも学校でも、千晴さんに会えるし、大好きなまっちゃんもよく来るし、もかが活動に行くのが好きなことはわかっていたんですけど、ペアを組むのは本当に私でいいのかな……と思うことがありました。でも、この時にもかは私を選んでくれた。

それ以降千晴さんは、こういうイベントでも、いつも私ともかをセットで出してくれるようになりました。ものすごく楽しいし、やりがいを感じます」

それからも、千晴さんは何かにつけて、もかの様子を気遣い、江梨子さんのことも励ましたりほめたりして、やる気を引き出してくれます。千晴さんから常に言われているのは、「無理はさせないで」ということ。もかのしっぽが下がり気味だと、すぐに「大丈夫？」と声がかかります。江梨子さんも、常にもかの体調には気を配り、少しでも「おかしいな」と思ったら休むことにしています。

もかは、決して体が丈夫な方ではありません。食べ物の管理を一生懸命やっていても、アレルギーの影響もあり、少しストレスがかかると、すぐに吐いたり下痢をしたりといった胃腸障害の症状が出てしまいます。しかも、薬を使うと、肝臓の検査の値が悪くなりがち。なので、絶対に無理はさせたくないのです。

アレルギー反応が出る食べ物は、時に変わります。大丈夫だったはずの食品も続けて食べていると、症状が出るようになってしまうことも。当初は大丈夫だったお米に反応が出るようになって、常食だった芋がゆが食べられなくなり、一時は焼き芋が最高のごちそう、という状態でした。逆に、前はダメだったはずの食品が大丈夫になる、ということもありました。以前は反応が出ていた小麦が大丈夫になって、パンが食べられるようになりました。こういう状況なので、毎年のようにアレルギー検査を受け、各食品に対する反応の値を確認します。値が低かったりゼロでも、同じ食品を続けて食べさせるのではなく、いろいろな物をローテーションで与えるようにしています。

一歳の頃には、何度もけいれんの発作に襲われました。頭がフルフルッと震える程度でしたが、多い時には、一晩に三回も四回も発作が起こります。動物病院で検査をしましたが、なかなか原因がわかりません。アレルギーを防ぐ食事療法のために、幼い頃に取るべき栄養がしっかり取れていないのかもしれない、という獣医師の見立てで、栄養素を補うサプリメントを使うことになりました。それが効いたのか、一歳八カ月を最後に発作は起きなくなりました。

アレルギーといえば、こんなこともありました。

一歳半くらいの時のこと、夜の散歩から帰ってきてすぐの所に俐空君が落とした小さなえびせんを、一つ、もかが拾って食べてしまったのです。口の中で「シャクッ」と音がして江梨子さんが気づいた時にはすでに遅し。

それから三時間後、夜中の十二時頃に、もかが部屋の中をダダダダダダッと駆け回り始めました。いったい何が起きたのかと、電灯をつけ、もかの顔を見て驚きました。口や目の周りが真っ赤になっているのです。毛をかき分けてみると、全身の皮膚がやはり真っ赤でじんましんも出ていました。かゆみが激しいらしく、もかは転げ回っています。

十二月だったので、室内には子どもたちのために暖房をつけていました。寒い所の方が少しはかゆみがましになるだろうと、江梨子さんはもかを抱いて、ベランダに出ました。夜泣きの赤ちゃんをあやすように、ずっと語りかけてもかの気持ちを紛らわせながら、一睡もせずに一晩を過ごしました。

朝一番に動物病院に駆け込みました。これだけひどい症状を抑えるには、ステロイドの薬が必要でした。ただ、もかの場合、子犬の時にバベシア症を患っています。この病気にかかったことのある犬の場合、ステロイドを使うと、免疫力が下がって再び発症するリスクがありました。それでも、激しいかゆみで辛そうなもかの様子に、江梨子さんは覚悟を決めて、ステロイドの注射を打ってもらうことにしました。

効果はてきめん。みるみるうちに赤みは引いて、かゆみもなくなりました。

心配していたバベシア症の再発もありませんでした。後に遺伝子検査をしてもらったところ、バベシア陰性と出ました。江梨子さんはほっとしました。これなら、ひどいアレルギー症状が出た時には、ステロイドを使うことができます。とはいえ、できるだけそのような状態にならないよう、前もって食生活をコントロールすることが大事。江梨子さんは、もかが食べられないものを、床に落としたり、もかの口が届く所に置かないよう、家族全員に注意を徹底しました。

それ以降、ここまでひどくなることはありませんが、季節の変わり目には花粉や草などでもアレルギー反応が出ます。シャンプーをこまめにしてアレルゲンを洗い落とす一方、かゆみが出た時には、長めに散歩をして気を紛らわせるなどして、対応します。

尿結石にもなりましたが、投薬と食事療法で時間をかけて治しました。さらに、ある時は激しく吐いて、病院に連れて行くと脂肪代謝異常症と診断されました。血液中の中性脂肪分がとても高くなり、血がドロドロになる病気です。そういう犬は、糖尿病にもなりやすいリスクがあり、薬を使いながら、食事を低脂肪のものにしなければなりません。獣医師からの説明に、江梨子さんは「アレルギーに加えて、また一つ一生つきあわなければならない病気が増えたのか……」とがっかりしました。でも、すぐに気持ちを切り替えました。

「そうはいっても、食事でコントロールできる病気で、よかった。食事の管理をきちんとすれば、元気でいられる。しっかりやっていこう」

こんなふうにいろいろ病気の絶えないもかなので、江梨子さんがよく観察して、少しでも様子がいつもと違うと思ったら、すぐに病院に駆け込むことにしています。早めの対応ができているため、深刻な事態にならずに済んでいます。

アレルギー対策として、江梨子さんは週二回のペースで、もかを犬の美容院に連れて行き、薬浴やシャンプーをしてもらいます。体についたアレルギーの原因となる物質を洗い流すだけでなく、皮膚や毛の保湿などのために、様々な成分を入れた薬浴を行います。もかは、熱めのお湯が大好き。多くの犬は三十七～三十八℃が適温ですが、もかは四十℃くらいが好みで、気持ちよさそうに浸かっています。トリマー（犬の美容師）が、新たな製品をいろいろ試して、もかの皮膚や毛によさそうな薬液を探してくれました。コンニャクとユズのエキスが入った保湿液が、今のところ一番よさそうです。

栄養状態が改善されたせいか、次第にもかの毛の色が濃くなってきました。耳の色は薄茶色から茶色に、白っぽかった体は薄茶色に。

さらに薬浴の効果も加わってか、それまではなかったアンダーコート（下毛）も生えてきました。

こうやって体調のコントロールに努めてきたのですが、江梨子さんにとって大きな悩みが一つあります。それは、もかの足の問題です。

もかは子犬の頃から、膝の関節がはずれやすく、散歩していても、突然腰が抜けたように座り込んでしまうことが何度もありました。はずれた関節をはめれば歩けるのですが、何度も繰り返すため、動物病院で診察してもらったところ、「パテラ（膝蓋骨内方脱臼）」と診断されました。膝のお皿は大腿骨の溝に沿って動くのが普通ですが、それが内側にはずれやすい、という生まれつきの異常です。周りの筋肉をしっかりつければ、症状が出にくいという獣医師のアドバイスもあり、散歩をたくさんして、筋肉強化に努めてきました。

ところが、四歳になってまもなく、脱臼した関節をはめ直しても、すぐにまたはずれてしまい、うまく歩けなくなりました。病院でみてもらうと、靱帯が伸びきってしまっていました。

根治するには、手術をするしかありません。それも、骨を削ったりボルトで固定したりと、かなり大がかりな手術になりそうです。麻酔も長時間に及びます。歯石を取るのに、軽い麻酔をかけた時にも、なかなか覚めにくかったことや、様々な病気を抱えている内科的なリスクを考えると、江梨子さんはできるだけ手術は避けたい、と思いました。
精密検査のため、江梨子さんはもかを大阪の大学病院に連れて行きました。左足はもっとも程度がひどいグレード4と診断され、CTなどの詳しい検査をするまでもなく、「手術するしかありません」とのことでした。そればかりか、右足も、いずれ手術した方がよい、と言われてしまいました。

それでもやはり、手術にはためらいがあります。江梨子さんは、大学病院での診断結果を、地元でいつもみてもらっている、ゆい動物病院に持ち帰りました。そこでかかりつけの獣医師と相談し、ひとまず筋肉強化をしながら、もう少し様子を見ることにしました。しばらくは安静。でも、もかは散歩に行きたがります。そこで、江梨子さんはもかをカートに入れて外に連れ出しました。

実は、二十キロの犬まで対応できる折りたたみ式のカートを、少し前に買ってあったのです。それは、施設やイベント会場などで、抱いたりカートに入れたりすれば犬も入場を認められる所があるからでした。十六キロあるもかをずっと抱いているのは無理ですが、カートに慣れれば、家族で旅行に行っても、もかも揃って楽しめる場所が増えます。子どもたちからも、ねだられていました。江梨子さんがとりわけもかを連れて行ってみたかったのが、水族館です。近くの和歌山県立自然博物館は、カートに入れれば犬もＯＫと聞いて、わくわくしました。

「雨の日のお散歩に、ちょっと変わったことをしたい。大きな水槽の前で、もかの写真を撮ってみたい」

「やってみたい」ことは、すぐに実行するのが信条です。カートの購入を決めました。

カートが届くと、早速試し乗り。もかは、静かにカートの中に収まり、いつもより高くなった視線で、周囲を見回しています。まんざらでもなさそう。

その翌日、カートに乗せ、歩いて四十分の水族館に出かけました。特大の水槽の中をゆうゆうと泳ぐエイやロウニンアジなどの大型魚に、もかは目が釘付けです。クラゲには関心を示さず、コバンザメやイセエビなどには興味津々。もかなりに、魚の好みがありそうです。江梨子さんは、写真をたくさん撮って、後日ブログに掲載しました。

江梨子さんがカートの購入を決めたのは、もう一つ、もかの体調が悪化したり、足が不自由になったとしても、できるだけ外の散歩をさせてやりたい、という思いからでもありました。若いうちにカートでいろんな所へ行き、楽しい思いをしながら慣れておけば、いざという時に役立つだろう、と考えたのです。

「もかのしつけをしながら、私が一番学んだことは、『その時になってから対応するのでは遅い』ということです。できるだけ早めに対応をする。もかはもともと膝が悪いので、歩けなくなる時がくるかもしれないし、手術をすることになって、いきなりカートを出しても、馴染むのは無理かもしれない。だったら、いざという時に備えて、できるだけ早いうちに慣らしておこうと思いました」

その「いざという時」が、思いの外、早く来てしまった、というわけです。自分の足で歩いて散歩ができなくても、外をカートで回るだけでも、気持ちのリフレッシュにはなるだろうと、家の近くをカートで回りました。もかも、今は歩けないというのがわかっているのか、おとなしくカートに収まっています。カートの高さがちょうどいいのか、すれ違う子どもたちが自転車をとめ、手を伸ばしてもかをなでてくれました。もかも結構楽しそうです。

車にカートを積み、一時間ほどかけて、高野山まで遠足にも行きました。

高野山には、四国八十八カ所の霊場を巡ってきたお遍路さんなどの参拝者や観光客がたくさん来ていました。高野山に行くなら和風の服がいいだろうと、江梨子さんはこの日のもかに、白地にピンクの山茶花の花をあしらった浴衣を着せました。ピンクの帯とやはり山茶花をかたどった花飾（はなかざ）りまでついています。花粉対策に、濃いピンクのゴーグルもしました。そういう変わった格好の犬が、カートに収まっているとあって、行き交（か）う人々の視線がもかに注がれます。すれ違う時に、なでていく人もいます。

とりわけ、外国人観光客はもかを見て大喜び。カメラを向けながら、次々に声が上がりました。

〝How cute she is !!〟（なんてかわいい女の子！）

〝What's her name?〟（彼女の名前は何？）

あまりにかわいらしくて、女の子だと思ったようです。

江梨子さんは、

〝HIS name is Mocha（彼の名前はもかです）〟と、もかが男の子であることを強調しながら答えました。

それを聞くと、またひとしきり、

〝Oh!　Boy!?（なんと！　男の子だって!?）〟、〝Wow!!（ワオ!!）〟、〝Adorable!!（かわいい!!）〟

と歓声（かんせい）が上がります。

もかは、そんな外国人一人ひとりにカメラ目線で、応えていました。

続いてやってきたのは、年齢が高めの男性のカメラマニアたちでした。一眼レフの大きなカメラをもかの鼻先まで近づけて撮影します。興奮気味に、「写真のコンテストに出してもいいですか⁉」と聞いてくる人もいました。こうした男性は、子犬時代のもかが、もっとも苦手にしていたタイプですが、今は全然平気。それどころか、楽しそうに、すべてのカメラに視線を送っています。どうやら、江梨子さんのブログのための写真撮影に慣れていくうちに、もかは撮られることが好きになっていったらしいのです。カメラを向けられると、自然に笑顔も出てきます。

「もかは、ちやほやされるのが大好きで、人間にすれば芸能人に向いてるタイプですね(笑)。人が寄ってくるとうれしいんです。こういう今の姿だけを知っている人からは、『以前は人を怖がる子だったなんて信じられない』と言われます。これも積み重ねてきたことの成果かなと思うと、本当にうれしい」と江梨子さん。

足が悪い時ボランティア活動は少しお休みしましたが、もかが退屈しているようなので、カートで高齢者施設への訪問に参加してみました。

カートに乗せていると、目線が近くなるので、お年寄りたちには、意外と好評。もかも、ゆったりと触れあいを楽しんでいます。いつももかの来訪を待ちわびている女性が、足の状態を気にして、なでてくれました。この女性は、若い頃に犬を飼っていたそうです。これまでにも、その犬の思い出話をしてくれたこともありましたが、「ワンちゃん、長生きしましたか？」という質問には、いつも「昔のことで覚えてないのよ」と答えてくれません。悲しい思い出なので、心の中にしまい込んだまま思い出せないのだろう、と江梨子さんは推測していました。ところが、カートの中のもかを前に、女性が語り出しました。

「あの子、八歳まで生きたのよ。病気で毎日病院へ行って注射したけど、ダメだったから最期はおうちでゆっくりさせてあげたの。最期は私のお布団で眠ったままだったの」

穏やかな笑顔でした。江梨子さんは、その女性と今までよりもっと近しくなったように思い、来てよかった……と思いました。

その後、伸びてしまった靭帯の状態が少しよくなってきたので、ゆっくり平地を歩くことから、散歩を再開しました。散歩は筋肉を鍛えるためのリハビリでもあります。ゆるやかな上り坂は歩きますが、下り坂や階段は関節への負担を考えて、だっこします。もかもわかっているのか、階段になると、立ち止まって抱かれるのを待っています。

一番いいのは、浅い川や海辺でゆっくり歩くことです。水の中を歩いたり泳いだりできると、膝に負担をかけずに筋肉が鍛えられて、よいリハビリになるからです。けれども、もかは溝に置き去りにされたトラウマがあるせいか、川などの水辺は大の苦手です。犬の幼稚園で夏にプールを開設すると、他の犬は喜んで水浴びするのに、もかは尻込みし、中に入ろうとしません。お風呂は大好きなのに、なぜか水は大嫌いなのです。

それでも、散歩の途中に水辺の近くを通ったり、おやつで誘いながら、根気よく連れ出すうちに、夏休みのある日、川の浅瀬を歩けるようになりました。

江梨子さんは、すぐに犬用のライフジャケットを買いに行きました。娘の柚花ちゃんの分も購入し、一緒に貴志川の上流へと向かいました。この機にもかを泳ぎにチャレンジさせようという算段です。

最初は、ばしゃばしゃと暴れるだけだったもかですが、何度か水の中に入れてみると、そのうちコツがつかめたようです。柚花ちゃんのいる所から、江梨子さんが待ち受ける場所まで、泳ぎ始めたのです。四歳にして初めての犬かきです。少し練習しているうちに、ライフジャケットなしで泳げるようになりました。

もかはこうしてまた一つ苦手を克服しました。もかのリハビリのため、吉増家の夏休みは、ほとんど毎日川遊びに通うことになりました。喜んで予定を変更してもかのリハビリにつきあう子どもたちともかの様子を見て、江梨子さんは感慨深げです。

「病気だらけのもかを家族に迎えた時に、どんなことも楽しむと決めてました。いつまでも元気で寿命を全うしてほしいけど、長生きは難しいかもしれない。だからこそ、今もかと一緒にできることを楽しみたい、と。大変な時でも、いろいろ工夫すれば、もかも楽しめるし、私や家族も楽しめる。これからも、いろいろ大変なことがあるかもしれないけれど、そうやって、うんと楽しんでいきたいです」

カートに入れば犬も入場できる水族館へ。もかはお魚に興味津々。カートの高さもお気に入りのよう。

水嫌いのもかを根気よく水辺に連れ出して、今では柚花ちゃんと川の浅瀬も歩けるし、泳ぐことも。

第6章　地域に広がる様々な活動

ある時、「わうくらす」でグループワークの時間がたっぷりあったので、江梨子さんは子どもたちにこんな質問をしてみました。

「みんながもかみたいな子犬を拾ったら、どうなるかな？」

子どもたちは口々に答えます。

「家に連れて行っても、お母さんに『戻してきなさい』って言われる」

「うちのお母さんも、絶対『捨ててきなさい』って言う」

それを聞いて、江梨子さんはショックでした。

（どこの家でも、子どもたちには「命を大切に」と教えているはず。でも、子どもたちは親をこんなふうに見ているのか……）

ＰＴＡの活動を通じて知り合ったお母さん方に、この話をしてみました。すると、ほとんどのお母さんが、ちょっと考え込んで、「やっぱり、私も『戻してきなさい』って言うかな」と答えるのでした。

江梨子さんは、「それはあかん。そういう時は、せめて私に相談して」と頼んで回りました。

聞いてみると、親たちはこういう時にどこに相談していいかわからないので、そういう反応になるようです。保健所に連れて行けば必ず殺される、と思っている人も多く、それより山で野良犬として生きていった方がいい、と思うのでしょう。

けれども、乳離れしたばかりの子犬が、たった一匹で、どうやって生きていけるでしょうか。もかの場合も、あの日保護されていなければ生きていかれなかったに違いありません。

かつては、保健所に連れて行かれた犬はたいてい殺処分されるイメージがありましたが、最近は、どこの保健所も、犬を手放そうとしている飼い主を説得したり、譲渡会で里親を探すことに力を入れ、できるだけ殺処分を減らす努力をしています。

環境省の調査では、都道府県、政令指定都市、人口二十万人以上の中核市で、二〇〇四年度には十五万五千八百七十頭の犬が殺処分されていましたが、二〇一三度年には二万八千五百七十頭まで減りました。引き取った犬が殺処分される率も、八六％から四七％に減っています。ただ、残念なことに猫の場合は、なかなか殺処分が減らず、二〇一三年度になっても八六％の猫が殺処分となっているのですが……。

もっと多くの命を救うために、犬や猫が欲しい時には、ペットショップだけでなく、保健所も選択肢の一つにしてほしい。そのことをもっと伝えなければ、と江梨子さんは思うのでした。

和歌山市の保健所には、もかによく似た、紀州犬の血が入った犬がしばしば持ち込まれます。もかのきょうだいや親戚が産んだと思われる子犬も、毎年何匹か保護されます。もかを保護する時に連絡してくれた北山さんの家の前に、子犬が置かれていることもあります。えさをくれる親切な人だからと信頼しているのでしょう。母犬が乳離れする時期の子犬を連れてきて、「この子をお願いします」というように置いていくのです。

もかは、保健所に保護された犬に、新しい里親を見つけるための譲渡会にも、よく呼ばれます。

雑種の場合、大人になった時にどれくらい大きくなるのか、わかりにくいため、保健所はもかを見せて「これくらいの大きさになります」と説明します。もかの穏やかな性格や、お行儀のよさを見てもらい、「雑種でも、ちゃんとしつければ、こんないい子に育ちます」と、雑種犬をPRする役目も果たします。

もかが譲渡会の会場にいると、譲渡犬と間違えられ、「この子が欲しい」と言われることも。そんな時は、江梨子さんが「これはうちの子ですが、他にもかわいい子がいますから見ていってくださいね」とやんわり断りながら、譲渡予定の子犬たちを勧めます。

高齢者施設への訪問から始まったもかのボランティア犬としての活動は、動物愛護イベント、小学校での「わうくらす」授業、さらには障害者の集まりへの参加と広がっていきました。

合間に、時々犬の幼稚園にも顔を出し、懐かしい仲間と遊んだり、新入りの子犬の相手をします。以前は、まっちゃんなどの先輩犬と遊びながら犬社会のルールを教えてもらっていたもかですが、一歳を過ぎてからは、新しく来た子犬に教える役目も果たしています。

初対面なのに、はしゃいで飛びついてくる子犬には、まずはお互いのにおいを確かめ合うことを教えます。

スタッフ松下祥門さんのある日のレポートには、こんなことが書いてありました。

〈二カ月のプードルの子犬と遊ばせました。まっちゃんとは激しく遊ぶので、少し心配しながら見ていましたが、ちゃんと子犬に対しては力加減をして遊んでいました。昔は、ま

っちゃんに遊んでもらっていたのに、もか君は今では子犬の面倒を見られるまでに成長しました〉

幼稚園を主宰し、ボランティア活動のリーダーでもある石田千晴さんも、もかの成長をこう語ります。

「犬にも相性があり、ちょっとしたことで対立したりすることもあります。そんな時、もかちゃんはうまく仲裁をしてくれます。にらみ合っている二匹の間にすーっと入っていって、気が立っている方の顔をなめたりして、なだめるんです」

江梨子さんには、もかとの活動の他に、二人の子どもの母親として、学校の育友会（ＰＴＡ）の活動もあります。柚花ちゃんが小学二年生の時から役員を務めています。広報部の担当として、育友会の新聞作りにも参加します。もかも、一歳になる前から、編集会議に同席するようになりました。

きっかけは、学校の駐車場にとめた車の中で待っているもかを見て、校長先生が声をかけてくれたことでした。

「老人ホームに入ってボランティアしているんだから、学校の中に入っても大丈夫やろ」

柚花ちゃんと俐空君が通う和歌山市立福島小学校では、その年から「わうくらす」の授業を導入（どうにゅう）することが決まっていました。あるクラスに、元気すぎて少し乱暴（らんぼう）な男の子がいると聞いて、動物との触れあいで優しい気持ちを引き出すことができれば、と江梨子さんが学校に勧めたのでした。この時点では、もかは一歳前で、まだ「わうくらす」のボランティア犬になる試験を受けていませんでしたが、すでに高齢者施設での活動には参加していました。江梨子さんの話を聞いて、校長先生はもかの活動を知っていたのです。

江梨子さんたちが、編集会議をしている間、もかはたいてい静かに寝ています。コーヒーを飲みながらの休憩（きゅうけい）時間になると、起き出して、他のお母さんたちにも愛想（あいそ）よくあいさつして回ります。もかがいることで、会議の場も和（なご）みます。いつの間にか、もかは「編集長」と呼ばれるようになり、もかの写真を使って四コマ漫画風（まんがふう）の連載（れんさい）も始まりました。

タイトルは「ボランティア犬もかのおしごと日記」。夏休みや冬休みの前に、子どもたちに注意してほしいことを、楽しく伝えます。その頃には「わうくらす」にも参加していましたし、江梨子さんが育友会の仕事で学校に来るたびに同行していましたので、子どもたちにとって、もかはお馴染（なじ）みの存在。文章で注意書きを列挙するより、もかからのメッセージの方が、子どもたちも読んでくれるようで、毎号好評です。

育友会の新聞は、原稿は江梨子さんたち編集部員が用意し、編集や校正（こうせい）は、プロのデザイン事務所に任せます。ある日、そのデザイン事務所を経営するグラフィックデザイナーの山崎敏宏さんが原稿を取りに、編集会議にやってきて、犬がいるのに驚きました。実は、山崎さん自身は大の猫好きで、犬は苦手。子どもの頃にかわいがっていた兎の小屋を犬に荒らされたトラウマが、大人になっても尾を引いているようです。一方、妻の香織さんは、犬が大好きでした。見せてあげたら喜ぶだろうと、「車の中で待っている妻が、犬好きなんです。呼んでもいいですか？」と尋ねました。

「どうぞ、どうぞ」と江梨子さん。

携帯電話で呼ばれた香織さんが会議室に行ってみると、服を着た犬がおとなしく抱かれているのを見て、驚きました。香織さんも犬と一緒の生活を二十年ほどしたことがあって、犬には詳しいつもりでしたが、もかはそれまで見たことのないほど、穏やかで人なつこい犬でした。江梨子さんから犬の幼稚園の話を聞いて、興味を持ちました。

その後、香織さんは幼稚園の見学に行ったり、もかの散歩を買って出たりしていくうちに、もかと大の仲良しになりました。もかがいつ遊びに来てもいいように、アレルギー体質のもかが食べられるおやつやおもちゃも用意しました。

犬嫌いだった山崎さんも、「もかは特別」と言います。

「おとなしいし、表情が豊かでかわいい」
山﨑さんたちは、江梨子さんともかの散歩に同行して、写真を撮るようになりました。もともとカメラが趣味で、仕事で写真撮影の機会も多い山﨑さんは、もかの一瞬の仕草や表情を捉えるのが上手です。江梨子さんともかのツーショット写真も増えました。江梨子さんも、山﨑さんから写真の撮り方を教わり、腕を上げました。

いつかもかを主人公にした紙芝居を作ろうと考えている山﨑さんは、もかのイラストも描いています。香織さんのバッグには、もかのかわいいイラストで作った缶バッジがたくさんついています。

もかも、山﨑さんを大好きになりました。山﨑さんが近づいてくると、思い切りしっぽを振って、親愛の情を示します。それまでは江梨子さんや柚花ちゃんだけに見せていたとびきりの笑顔も、山﨑さんのカメラの前で惜しみなく見せるようになりました。江梨子さんと二人で散歩をしていても、山﨑さんが乗っている車と同じハイブリッド車のエンジン音が聞こえてくると、「もしや、山﨑さん？」という感じで立ち止まります。

山﨑さん夫妻の協力は、江梨子さんにとって大きな助けになりました。夫の憲司さんが経営する会社の事務を手伝ったり、育友会の仕事が忙しい時などには、安心してもかを山崎さんの事務所に預けることができます。最初は江梨子さんがいないと少し不安そうだったもかも、すぐに慣れて、まるで自宅にいるようにリラックスしています。

ある時、江梨子さんは香織さんから相談を受けました。山﨑家と同じマンションに住んでいる女性のチワワが部屋の中を駆け回ったり、いろんな物を口にしたりして、かなりの問題行動がある、という話でした。どうやら、そのチワワは一年間、ほとんど散歩に行っていないようです。どうすればいいか飼い主にアドバイスをしてあげてほしい、と江梨子さんに頼んだのです。

その女性、谷口幾久美さんは、夫が亡くなったあと、忘れ形見のチワワの老犬「タラちゃん」を大事に世話してきました。名前の由来は、いつまでも小さくてかわいらしい、アニメ「サザエさん」のタラちゃんです。その犬が死んで、すっかり意気消沈している時に、ふと寄ったペットショップで、同じチワワの子犬と目が合いました。

その瞬間、心にひびくものがあり、子犬を買うことを即決。この子にも、前と同じ「タラちゃん」と名付けました。

谷口さんはヘルパーの仕事をしているので、昼間はほとんど出かけています。タラちゃんは、その間はケージの中で留守番です。ただ、一日中ケージに入れっぱなしはかわいそうだからと、谷口さんは一日の仕事の合間に何度も家に戻り、タラちゃんを部屋で遊ばせるなどして、大切に育てました。仕事が忙しくて、日中家に戻れない時には、香織さんに頼んで面倒を見てもらうこともありました。

ところがタラちゃんは、洗濯用（せんたくよう）のネットを飲み込んだり、小さなプラスチックスプーンを食べてしまったり、食べ物以外の物を口にする問題行動を繰り返（くりかえ）しました。そのたびに動物病院に連れて行き、吐かせなければなりません。自分の糞（ふん）を食べてしまうこともありました。何かあるたびに、谷口さんは「ダメでしょ！」と叱るのですが、直りません。怒るとタラちゃんはケージの中に逃げ込んで、おびえています。

（前の子は、こんなことはなかったのに……）

初代タラちゃんと比べてはがっかりし、時には感情的になって、「悪いことばかりしてると、ペットショップに返すわよ！」と怒鳴ってしまったこともありました。一生懸命（いっしょうけんめい）愛情込めて育てているのに、どうしてこうなるのか、谷口さんにはわかりませんでした。

散歩には行っていませんでした。ペットショップからは、「この子は体が小さいので、家の中で遊ばせれば十分。散歩に行かなくても大丈夫」と聞かされていました。それに、タラちゃん自身、散歩嫌いでした。たまに抱いて外に出ても、道に降ろすと体はがちっと固まってしまいます。自分から足を踏み出そうとしません。様々な音やにおい、よその人たちや車など、外の環境にまったく慣れていなかったために、恐怖で体が硬直してしまったようです。

江梨子さんは、時間が経ってから叱っても、犬は何のことで怒られているのかわからないし、ただ怖がらせるだけで何の意味もないことを説明し、こう言いました。

「それより、とびきりおいしいおやつを使って、少しでも外でお散歩ができるようにしましょう。そのためにも、ほめ言葉を決めて、タラちゃんをたくさんほめてあげることが大切です。お散歩に行けば、エネルギーも発散できて、問題行動も少なくなるかもしれません」

試しに、外に連れ出してみることにしました。もかと香織さんも一緒です。タラちゃんをもかに会わせたら気に入ったようでした。幼い頃のもかがまっちゃんと一緒なら散歩ができたように、タラちゃんももかがいれば慣れない外でも安心できるのではないか、と思ったのです。犬の幼稚園でも、今のもかは、散歩に慣れていない犬に寄り添って歩くことがあります。

外に出ても、やはりタラちゃんは、足を踏ん張ってなかなか歩きません。江梨子さんがもかのおやつとして持っていたカンガルーの干し肉を小さく裂いて、タラちゃんの前に差し出し、「タラちゃ～ん、タラちゃ～ん」と呼びかけます。香織さんも「タラちゃん、がんばれ～」と声をかけました。

しばらくして、ようやくタラちゃんが一歩前に出て、おやつを食べました。その瞬間江梨子さんが高い声で歌うように、「タラちゃん、おりこう！」とほめます。香織さんも「おりこう！　タラちゃん」と合わせます。おやつと「おりこう！」のほめ言葉で、外に出ることは楽しい、という印象づけをする作戦です。

江梨子さんが、さらにおやつを出して、次の一歩を促します。

「さあ、タラちゃん、もう少し歩いてみようね～」。

傍らで、香織さんが「タラちゃ～ん、タラちゃ～ん」と応援。もかも、タラちゃんが歩き始めるのを、根気強く待っています。

少しして、やっとタラちゃんが動き出しました。すると、江梨子さんと香織さんは、さらに声のトーンを上げて「タラちゃん、おりこう！」の二重唱。それでも、二、三歩進むと足が止まります。アスファルトから土へ、土からコンクリートへと地面の材質が変わった時も、やはり止まります。

小さな犬に向かって大人二人が高い声で「おりこう！」「おりこう！」とほめちぎっている光景を、怪訝な顔で見ながら通り過ぎる人もいました。でも、そんなことには構っていられません。大事なのは、少しずつではあっても、タラちゃんが自分の足で前に進むことです。数歩歩いては止まり、おやつとほめ言葉で励ます、その繰り返しでした。二十分ほどして、少し歩けたところで、思い切り「おりこう！」のシャワーを浴びせて散歩は終わり。帰りはだっこで戻りました。

トレーニングは、限界までがんばって、うまくいかなくなってからやめるのではなく、うまくできている時にたくさんほめて終わらせるのが秘訣です。

江梨子さんの話を聞いて、谷口さんは毎朝早く起きて、散歩に出るようになりました。野菜好きのタラちゃんのために、ごほうびのおやつにはキャベツを持参します。最初のうちは、すぐにだっこをせがむタラちゃんでしたが、そのうち慣れて、最初から最後まで自分で歩くようになりました。そのうち、どんどん散歩が好きになっていきました。リードを手にすると、大喜び。それだけでなく、「散歩」の「さ」を口にしただけで、もう全身が散歩モードです。江梨子さんともかも、何度か同行し、相性の悪い犬と出くわした時に、吠えさせないコツなどを伝えました。

早朝は、同じように犬の散歩をしている人のほか、ジョギングやウォーキングをしている人たちがいます。犬好きな人から声をかけられ、いつの間にか、あいさつを交(か)わすようになりました。人間同士は互いに名前を知らないのですが、犬の名前は知っていて、いつも「タラちゃん、おはよう」と声をかけてくれます。

「犬が一緒だから、そうやって新たな関係も生まれました。散歩に行くようになって、タラちゃんとも、心が通じ合うようになったな、と思うんですよ。今は、私が元気な時は、『遊んで』とねだるのに、疲れている時には静かに寝かせてくれたりもするんです。いい関係を築(きず)けるようになってよかった」と谷口さん。

江梨子さんも、谷口さんとタラちゃんの関係が、散歩を通じて深まったのを見て、ほっとしました。もかを育てるうえで得た経験や知識が、他の人の役に立ったのも、うれしかったのです。他にも、様々な知り合いから、犬について相談されることが増えました。もかを通じて学んだこと、とりわけ石田千晴さんから教わったことを、できるだけ丁寧(ていねい)に伝えます。

中でも、江梨子さんが一番大切だと思うのは、思い切りほめることです。もかは、一日何回も、江梨子さんから「もか、おりこう！」とほめられています。もかをほめる時の江梨子さんの声は、ふだんの会話より高くて優しくてきれいで、まるで歌うようです。もかがあまり食が進まない時には、一口食べるたびに、「もか、おりこう！」。散歩の際に、ちゃんとアイコンタクトが取れるたびに、「もか、おりこう！」。カフェで友だちと会食中にも、足元で静かにしているもかに、何度も「もか、おりこう！」と声をかけます。怒ることはめったにありません。

その様子を見て、元気がよすぎて叱られることの多い俐空君が、言いました。

「いいな、もかは。何をしても怒られへん」

江梨子さんは、「もかは一生ママと一緒にいて、ママがケアするけど、俐空は外に行ったら自分で判断しなきゃいけないし、大きくなったらいつか自分で生活せなあかんから、その時のために怒るのよ」と説明しながら、ちょっぴり反省しました。

「人間の子を育てるのに、まったく叱らないというのは、間違い。注意する時にはしないと。ただ、お客様がいる時に騒いだからと叱るだけじゃなく、珍しく静かにしていた時に『えらかったよ』とほめるのも大事ですよね。何かを『できた時』だけじゃなく、困ったことを『していない時』にほめる。その大切さは、もかのしつけを通じて学びました。まだまだですけど、うちの子どもたちも少しは恩恵を受けているかもしれません（笑）

犬の幼稚園の石田千晴さん（写真左）が、もかのボランティア犬の素質を見つけました。

チワワのタラちゃんも、散歩嫌いで問題児でした。ほめてしつける方法ですっかりいい子になりました。

第7章　家族の愛犬から、みんなの愛犬へ

　吉増家の子どもたちが通う和歌山市立福島小学校の近くには、車の交通量の多い県道が走っています。他に、道幅(みちはば)は狭いのに、抜け道として使われて、結構(けっこう)スピードを出している車が通る道もあります。できるだけ交通量の少ない道を通学路と決め、要所要所には、登校時、地域のボランティア「見守り隊」が立って、子どもたちが安全に登校できるよう見守ってきました。

　ところが、当初は二十人以上いた「見守り隊」は、次第に高齢化。だんだん減って、とうとう三人になってしまいました。親が交代で交通当番を行うことになりましたが、各学年一クラスの小さな学校で、親の数も多くありません。仕事や家庭の事情で朝は当番を引き受けられない人もいます。そうこうしているうちに交通量が多い場所に立っていてくれたボランティアが入院してしまいました。

　江梨子さんは、それから毎朝、その場所に立つことにしました。子どもたちの安全のた

めに、誰かがやらなければならない、と思ったからです。

　雨が降(ふ)らない限り、もかも一緒に、集団登校の子どもたちを見守りました。「わうくらす」に参加した子どもには、もかはすっかりお馴染(なじ)みですし、そうでない子どもも、江梨子さんと共にしばしば学校に行っているもかが、おとなしくて優しいことは知っています。子どもたちは、道を渡る前に、もかにあいさつしたり、体をなでたりします。集団登校が苦手でいつも遅刻気味(ちこくぎみ)の子どもが、もかに会いたいために、遅れずに来るようになったりもしました。

　教育委員会や警察(けいさつ)の人と一緒に、通学路の点検(てんけん)をする時にも、もかは江梨子さんと一緒に参加しました。

　その後、他にも当番を引き受ける人たちがあらわれ、吉増さんの出番は週二日ほどに減りましたが、子どもたちを見守る犬として、もかは地域に知られるようになっていきました。

　もかとの活動を通じて、江梨子さんの地域の人たちとのコミュニケーションは格段(かくだん)に広がりました。買い物に行っても、お店の人から声をかけられます。子どもの授業参観(じゅぎょうさんかん)に行けば、それまでつきあいのなかったお母さんから、「もかちゃんのこと、子どもから聞いてます」とあいさつされます。

俐空君が散髪に行く床屋さんは、もかをお店の中に入れてくれます。店の主は、「この子はおとなしいから特別」と言います。もかはいつも、ゆったり昼寝をしながら、俐空君の散髪が終わるのを待ちます。

近所の居酒屋さんも、もかの入店はＯＫです。江梨子さんが、知り合いと話し込んでいる間、もかは静かに昼寝。それに飽きると、他のお客さんのテーブルを訪ねて回り、愛嬌を振りまきます。住宅街の中にある、常連さんばかりが集まる小さなお店。もかのことは、みんなよく知っていて、「おお、もか、来たか～」と大歓迎です。もかのアレルギーのこともわかっているので、誰も江梨子さんに聞かずに食べている物をあげたりはしません。もかが食べ物を欲しがっている時は、江梨子さんが持参のおやつをあげます。

江梨子さんがお気に入りの地元のパン屋さんは、庭で焼きたてパンと飲み物で一休みできます。そのテラス席にも、もかは一緒に入れます。もかは、ここのパンが大好物。江梨子さんはいつも、小ぶりのフランスパンや犬の肉球をかたどったパンを、もかのために買います。ただ、困ったことに、おいしい焼きたてパンの味を覚えてから、スーパーなどで買う普通の食パンはあまり食べようとしなくなってしまいました。

「みんなにかわいがってもらえるのは、すごくうれしい。時々、自分にだけなついているのがかわいい、という人がいますけど、みんなにかわいがってもらえた方が絶対いいですよ。何かあった時に頼れるところがいっぱいあるというのは、私も楽だし、もかもストレスがなくて楽しいと思うんですよね」と江梨子さん。

動物愛護イベントなど、様々な地域の催し、とりわけ防災関係の行事には、江梨子さんともかは積極的に参加します。きっかけとなったのは、東日本大震災でした。

二〇一一年三月十一日午後二時四十六分に、太平洋三陸沖で発生した大地震は、高さ十メートル以上にもなる巨大津波を引き起こし、東北地方から関東地方にかけてすさまじい被害をもたらしました。亡くなった人、今なお遺体が見つからずに行方不明の人は、合わせて一万八千四百六十五人にも達しました（二〇一五年八月現在警察庁調べ）。吉増江梨子さんともかが住んでいる和歌山県でも、南端の串本町袋港に、高さ一・四メートルの津波が到達しています。

地震が起きた時、江梨子さんは買い物に出ていました。揺れはまったく感じませんでしたが、携帯電話がつながらなくなりました。「変だな」と思いながら、家に帰ってテレビをつけて、大地震の発生を知りました。テレビの画面は、道路や建物が津波に飲み込まれていく様子を映し出していました。

実は、吉増一家はこの日、憲司さんの妹の家族と一緒に、千葉県浦安市の東京ディズニーランドに揃って遊びに行く計画を立てていました。ところが、事情があって、春の旅行は大阪のユニバーサル・スタジオ・ジャパンへと行き先を変更し、日程も学校の春休みに入ってからにすることにしたのです。一家は、前年にもディズニーランドに行っていたのですが、その時に車をとめた駐車場がすっかり液状化しているありさまをテレビで見て、大地震の脅威を身近なものとして感じました。和歌山も、四国の南の海底にある「南海トラフ」で大きな地震が起きれば、甚大な被害を受けるなどと言われており、他人事ではない、と思いました。

東日本大震災では、動物たちも被災しました。津波で流されたり、置き去りにされた犬や猫。加えて、原発事故の影響で人が避難したために、ペットや家畜が取り残された地域もありました。

インストラクターの石田千晴さんは、宮城県石巻市の動物病院と連絡を取り、三月末に支援のために現地に向かいました。保護した動物を預かるシェルターの立ち上げ準備や避難所にいる人たちの相談を受け、その後も何度か被災地を訪れました。避難所に入れた犬や猫もわずかにいましたが、「動物は立ち入り禁止」の張り紙がされている所もあり、多くの動物が飼い主の車の中に入れられていたり、寒風の吹く外につながれていたりしました。動物は避難所に入れてもらえないからと、避難所に入らず、大切にしている猫と一緒に軽トラックの中で避難生活をしているお年寄りもいました。

後に環境省（かんきょうしょう）が調査したところ、多くの市町村は事前に災害があった時に、避難所に動物を受け入れるかどうか決めていませんでした。

千晴さんの話を聞いたり、報道（ほうどう）を見たりして、江梨子さんはショックを受けました。

「普通に家族として生活しているのに、避難所には入れてもらえないんや！」

確かに、被災者の中には、犬や猫が嫌いな人やアレルギーなどがある人もいるでしょう。ものすごく吠えたり、ひどく汚れている犬の場合は、明らかにはた迷惑です。一方、もかのように、おとなしくて人混みにも慣れている犬は、どうでしょうか。

千晴さんは、「もかちゃんの場合は、子どもたちが守ってくれるでしょう」と言います。

「地域の中でかわいがられているもかちゃんなら、避難所でも地元の人が迎えてくれるはず。万が一追い出されそうになったら、『わうくらす』などを通じて、もかを知っている子どもたちが、『もかを入れてやって』と言ってくれるに違いありません。地域の人たちと共生することは、理解者を増やし、犬自身の幸せにもつながるんです」

江梨子さんは、もかはもちろん、他の動物たちがどうなるのかも、気になりました。この大震災以降、災害があった時のことを真剣に考えるようになったのです。

もか用の非常持ち出し袋を用意しました。もか自身が背負える犬用のリュックに、名前や住所、アレルギーであることなどを書いたカード、ナイロン袋、携帯用毛布、五百ミリリットル入りペットボトルの水二本、それにアレルギー用のフード一キロで約一週間分、おやつ少々、それに予備のリードと首輪が入っています。薬を飲んでいる時には、その予備を必ずリュックの中に入れておき、毎月初めに食べ物の賞味期限や薬の種類などをチェックします。

飼い主情報を入れたマイクロチップももかの背中に埋めてあります。万が一、離ればなれになって遠くで保護されたとしても、マイクロチップの情報を専用のリーダーで読み取って、飼い主の元に戻される可能性が高くなります。

高齢者施設や「わうくらす」などの活動で、ケージの中に入るのは慣れていますが、段ボール箱の中で寝る練習も時々しています。出先で被災し、ケージを取りに帰る暇もなく、避難した場合を考えてのことです。日頃から慣らしておかないと、「いざ」という時に、うまくいかないかもしれません。

東日本大震災の後、環境省は災害が起きた時にペットが飼い主と共に避難する「同行避難」を勧める方針を明らかにしています。国の防災基本計画の中にも、「必要に応じ、避難場所における家庭動物のためのスペースの確保に努めるものとする」という項目が入りました。

けれども、具体的な対応は、市町村や実際に避難所になる施設の責任者にゆだねられます。また、しつけができている犬と、そうでない犬では、受け入れられ方も異なってきますから、飼い主の責任も重大です。

被災地の状況を踏まえて、千晴さんはこう言います。

「せめて、避難所となった施設の一室でも、動物を連れてよい部屋を作ってもらえれば、そこに一緒に避難できるのでは……と思います。ただ、小学校に地域の人が全員避難するような事態になれば、その一室すら確保できないかもしれない。難しい問題です。そんな中でも、人混みの中で静かにしていられるワンちゃんは、受け入れてもらえるかもしれません。飼い主さんが、ふだんから考えておかなければならないことだと思います」

二〇一四年九月に行われた災害時にペットを守るための講習会では、江梨子さんも話をしました。犬を連れた参加者の前にもかと一緒に立った江梨子さんは、日頃の活動を紹介して、こう言いました。

「もかはふだんから学校に出入りしていて、見守り隊の活動で通学路に立つようになってから、地域の人も知ってくれるようになりました。皆さんも、ワンちゃんのお散歩の時などに、出会った人と話をするなど、とにかくご近所さんとふだんからおつき合いをして、お話しして、○○さんの所の××ちゃんというように、知ってもらうことだと思います。ご近所さんとの関係が良好なら、少しくらい吠えても、『この子はいい子よ』とかばってもらえたりして、いざという時の避難の助けになると思います。あと、自治会などに『ペットも一緒に避難できますか？』と確認してみてください」

学校は、災害時には避難所になります。江梨子さんは、子どもたちが通う和歌山市立福島小学校の嶋本憲司校長とも、この問題をよく話し合い、学校を会場にした広域防災訓練にも参加しました。この時、江梨子さんが住む所とは別の地区の自治会長から「犬なんかが来たら訓練にならん！」と、強く反対されました。それでも嶋本校長が、「もかは、うちの学校の役員なので、役員として参加すればいい」と取りなしてくれたので、参加することができました。

反対した自治会長は、地域が少し離れていて、もかの日頃の活動を知りません。けれども、訓練の日に実際に初めてもかに会った時、驚いたようです。もかの頭をなでて、こう言いました。

「うちのは吠えるけど、どうしたら直せるかな」

自分の家の犬がよく吠えるので、犬は皆同じと思い同行避難など無理だと考えていたようです。もかを見て、考えを改めたらしく、「こんなんやったら、いけるわ」と言ってくれました。

嶋本校長も家で犬を飼っています。名前は「リトル」。十二歳の白色の雑種です。ですから嶋本校長は犬には理解があるのですが、その一方で、避難所の管理責任者となる者としては、いろいろな被災者に対応しなければならない悩みがあります。

二〇一五年二月に行われた同行避難に関するイベントで講師になった嶋本校長は、「同行避難してくるペットたちを避難所に受け入れていくことも、避難所の役割の一つとして考えていかなければならない」と述べ、ペットの受け入れに前向きな姿勢を明らかにしました。そして、もかと自分の愛犬を比べ、今の悩みを、率直に語りました。

「うちの犬は、えさをあげる時の『おすわり』『待て』はできますが、それ以外のしつけは何もしていませんので、散歩の途中に出会った犬に向かっていつも吠えています。うちのようなしつけをしていない犬が、学校に同行避難してきた場合、避難してきている方々に危害を加えるのではないか、トイレを校地内でさせる方もいると思うので、学校が再開された時に不衛生となり、子どもたちに害が及ぶのではないかと、校長として危惧する気持ちがあります」

そのうえで、

*待て、おいで、おすわり、ふせ等の指示に従うようにしつけを行っておく
*ケージやキャリーバッグに入ることに慣らしておく
*人やほかのペットを怖がってやたらと吠えないように、人や動物に慣らしておく
*予防注射や寄生虫の駆除などの健康管理をしておく
*えさは、各自で準備しておく

など、避難所の管理責任者として飼い主に求めたい事柄を説明しました。そして、地域と学校とのつながりを大事にしていくことの大切さを強調し、「皆さんも、ペットと避難することを前提として準備を行ってください」と呼びかけました。

ここでも嶋本校長は、もかを「学校の広報役員です」と紹介してくれました。

こうした防災イベントを通じて、江梨子さんは地域とのつながりの大切さを改めて感じました。知ってもらうこと。そして話をすること。そうやって地域の人たちの理解を広げ、家族の愛犬からみんなの愛犬になった時、大事なペットの命は守られる。江梨子さんは、つくづくそう思ったのです。

散歩の途中、お気に入りのパン屋さんで、もかの大好物のパンを買って一休み。テラス席には、もかも入れます。

みんなともかは仲よし。

災害時、避難所にペットと同行避難するにはケージやキャリーバッグに慣らす事が大事です。

同行避難イベントで講師となった福島小学校の嶋本校長が「学校の広報役員です」ともかを紹介。

福島小学校区以外でも、
散歩をしてるとすぐに子
どもたちに囲まれます。
もかも、みんなになでて
もらうのが大好きです。

第８章 防犯パトロール犬隊が出発！

吉増江梨子さんは、二〇一五年の春から、柚花ちゃんと俐空君が通う和歌山市立福島小学校の育友会（ＰＴＡ）の会長になりました。前任の会長から、「ぜひ」と頼まれたのです。

会長になってみると、改めて子どもたちの安全の問題が気になりました。登下校中の交通安全だけでなく、放課後や学校が休みの時期に、子どもが被害者になる事件も時々起こります。和歌山県では、この年の二月に、紀の川市の空地で小学五年生の男の子が刃物で刺されて殺害され、近くに住む二十二歳の無職の男が逮捕される事件が起こり、江梨子さんも大きな衝撃を受けたばかりでした。逮捕された男は、刃物を持って河川敷をうろつくなど、以前から近所で奇異な行動が目撃されていました。しかし、そうした情報は地域や警察などで十分に共有されていなかったようです。

福島小学校の周辺でも、放課後に男の子が知らない人の車に連れ込まれそうになる、といった出来事もありました。しかも地域での情報共有は、ここでもまだまだ不十分でした。「刃物を持ってうろうろしているおばさんがいる」という子どもの目撃情報が、すぐに保護者や学校に伝達され、警戒態勢がとられたものの、実際は研ぎ屋さんが近くにきたと聞いて包丁を研いでもらいに行く近所の主婦だった、という事実が伝わってきたのは、だいぶ後になってから、というようなこともありました。

子どもを守っていくには、もっと地域と学校とPTAが連携し、情報を共有したり連絡を密にしたりしていくことが大切だと、江梨子さんはつくづく感じるのでした。

福島小学校の校区では、地域の人たちが子どもの見守り活動をしていましたが、メンバーが高齢化し、減っていきました。和歌山県では、何かあった時に、子どもが助けを求めに駆け込めるポイントとして、「きしゅう君の家」が指定されています（「きしゅう君」は、紀州犬をモデルにした和歌山県警察のシンボルマークです）。けれども、福島小の校区ではこれも歳月が経つにつれて減少。いつでも誰かが家や店にいて対応できるなど、条件が厳しいため、後継者もなかなかいません。いつのまにか、「きしゅう君の家」として機能しているのがどこの家なのかも、学校や育友会が把握できなくなっていました。

登校時の交通安全については、親が交代で交通量の多い所に立つなどの対策をしましたが、下校した後の安全対策は、ほとんど手つかず。地域での見守り活動の立て直しが必要でした。江梨子さんは、地元の自治会長で、育友会長としての先輩でもある、上高敦子さんに相談しました。上高さんも子どもを地域で守ることの大切さを、とても感じていて、地元の警察に依頼して「きしゅう君の家」の実態調査を始めたところでした。

江梨子さんには、一つアイデアがありました。犬を飼っている人は、必ず散歩に行きます。その時に、子どもたちに気を配り、見かけた子どもに声をかけ、何か不審なことに気づいたら学校や警察に連絡してもらうようにして、地域の「見守り犬」「パトロール犬」としての役割を担ってもらったらどうか、というものです。福島小の校区にも、犬を飼っている家庭はたくさんありますし、これなら特別の訓練や能力などはいらず、どんな犬でも参加できます。警戒心が強くて吠えやすい犬も、防犯という観点ではむしろプラスに働くかもしれません。飼い主に必要なのは、散歩の時に排泄物をちゃんと持ち帰るなど、最低限のマナーだけ。飼い主は、地域と学校をつなぐパイプになることができますし、自分の愛犬が、子どもたちの見守り犬として認められるのは、きっとうれしいはずです。目立つ目印をつければ、子どもたちにもわかりやすいし、この地域は防犯意識が高いと不審者に知らせることにもなるでしょう。

（二年かかるか、三年かかるかわからないけれど、育友会の会長をしている間に準備をしておこう）

そう思っていました。ところが……。

江梨子さんから話を聞いた上高さんは、とてもいいアイデアだと思いました。すぐにこれを地域安全推進員会に提案しました。各自治会で安全推進員が中心となって、子どもの見守りや地域の安全のための活動を行っていますが、どこも参加者の高齢化が悩みです。犬の飼い主が子どもの見守り活動に加わる、という提案は歓迎されました。上高さんは、地元の和歌山北警察署の防犯担当にも相談。話はずんずんと進んでいき、あれよあれよという間に、警察と地域がタイアップした「防犯パトロール犬」ができることになりました。江梨子さんは、上高さんの行動力に舌を巻きました。

犬に目立つ色の服を着せる案も出されましたが、江梨子さんは「服を嫌がるワンちゃんもいるし、いろんなサイズが必要になってしまいます。バンダナにすれば、ワンちゃんの首に巻いてもいいし、リードにつけてもいいので、使いやすい」と提案し、それが採用されました。もかのイラストを描いてくれたグラフィックデザイナーの山﨑敏宏さんがデザインを担当することになりました。

あとは、メンバー集めです。江梨子さんは、犬を飼っている友人知人に声をかけました。すぐに手を挙げたのが、津村真由美（つむらまゆみ）さんです。津村さんの家は、吉増家から歩いて三分ほどの近さです。その二軒隣に、前任の育友会長の家があることから、江梨子さんは何度も津村さんの家の前は通っていましたが、長い間、互いに面識はありませんでした。津村さんの子どもは、吉増家の二人よりずっと年上なので、学校でのつながりはありませんでしたし、知り合うきっかけがなかったのです。

ある時、インターネット上の交流サイト、フェイスブックで共通の友だちがいたことからつながりができました。しばらくは、互いにどこに住んでいるかも知らないまま、フェイスブック上でコメントをし合う、ネットを通したつきあいでした。

二人が、現実世界で友だちになったきっかけは、地域の夏祭りです。福島小学校の校区では、学校と地域が一緒になって、毎年七月にサマーフェスティバルを開きます。和歌山市では、以前はそうした夏祭りが各地で開かれ、学校と地域が交流する機会になっていました。ところが、一九九八年にある地区の夏祭りに出されたカレーに毒が入れられて死者が出る事件があって以来、こうした祭りをやめてしまった所が少なくありませんでした。それでも福島地区は、地域と学校が一緒に行う祭りをずっと続けてきました。

育友会の役員をしていた江梨子さんは、夏祭りの時にはお揃いのTシャツを着て、本部に詰めることになっていました。そのTシャツの写真をフェイスブック上に載せたところ、津村さんはびっくり！　津村さんも子どもが小学校の時には育友会の役員をして、同じTシャツを着たことがあったのです。

津村さんは、江梨子さんの記事にコメントをつけました。

「同じ小学校区だわ(*^^*)　娘たちが卒業してから ほとんどサマフェに行ってないけど、今日は行ってみようかな？」

江梨子さんも驚いて、すぐに返信します。

「ほんとに～(゜o゜;　本部の真ん中で会計してるので、お越しの際はぜひ声かけて下さい(≧▽≦)」

その日、津村さんは小学校に出かけ、江梨子さんと話をしました。そして、すっかり意気投合し、大の仲良しになりました。

津村家にも、犬がいます。ジョイという名前の雄の雑種で、もかより三歳年上です。二〇〇九年のお正月明けに、和歌山県の動物愛護センターに保護されていた子犬を、譲渡してもらいました。長女にアレルギーがあるため、室内飼いはできず、外飼いです。警戒心が強く、知らない人が家の前を通るとよく吠えます。江梨子さんが、前会長の家に書類などを届けに行くたびに、犬の吠える声が聞こえました。

前会長は、「あの犬が吠えてくれるから、うちも安心なんや」とよく言っていました。それを聞いて江梨子さんは、「この犬は吠えることで、近所の番犬の役割を果たしているんだな」と思ったのでした。

散歩の途中に出会った人とはあいさつを交わします。ジョイが来てから、津村さんは近所の人との会話が増えました。同じ時間帯に犬の散歩をしている人とも知り合い、「犬友だち」になりました。同じ愛護センターから犬を譲り受けた仲間の一人から、「わうくらす」について聞き、ボランティアとして参加することにしました。ジョイは怖がりで、知らない人に体を触られるのを嫌がるので、「わうくらす」のボランティア犬には向きません。津村さん一人が参加して、犬が苦手な子に寄り添ったり、大声を出している子に「ワンちゃんがびっくりするから」と優しく注意したり、荷物の移動を手伝ったりと、江梨子さんたちをサポートします。

子ども好きの津村さんは、ジョイの散歩をする時には、出会った子どもたちによく声をかけます。朝は「おはよう。いってらっしゃい」、夕方は「こんにちは。おかえり」。でも、日頃から、知らない大人とは話をしないように注意されている子どもたちからは、なかなか反応が返ってきません。「わうくらす」で知り合った子どもだけが、指を差しながら「このおばちゃん、見たことある！」と言ってくれます。

「帽子をかぶって、春先はマスクをして、タオルを首から提げた知らないおばちゃんが、茶色の大きな犬を連れて声をかけていたら、やっぱり不審に思いますよね」と津村さんは苦笑いです。

こういう経緯があったので、「防犯パトロール犬」の計画を聞いた時には、いの一番に手を挙げたのです。バンダナをつければ、子どもたちに不審者ではないことがわかってもらえるだけでなく、大人が犬と一緒に見守ってくれる、という安心感を与えることもできるのではないか、と思いました。

それに、「防犯パトロール犬」と呼ばれるなんて、愛犬ジョイの格が少し上がったような気もします。

「ジョイは普通の家庭犬。よその人にとっては、なんの取り柄もない犬です。そんなジョイが、地域の役に立てると思うと、本当にうれしいし、少し自慢。ジョイの名刺を作らなくちゃ……（笑）」

もかの甥っ子を飼う岡本智子さんも、「防犯パトロール犬」に参加することにしました。小学二年生だった娘の奈子ちゃんにせがまれ、和歌山市の保健所の譲渡会で、もかのきょうだいが産んだ子犬を譲り受け、レモンと名付けました。もかにそっくりの顔立ちで、やはり優しい性格です。奈子ちゃんは、五年生になった今もよく面倒を見ています。外飼いで、番犬としてもがんばっています。近所からは、「レモンちゃんが来てから、野良猫が寄りつかなくなって助かっている」と言われます。

智子さんは、「レモンは、もかちゃんのようにしつけができていないんです。でも、そういう子でも役に立てるのはうれしいです。大役ですね」と言います。傍らで、奈子ちゃんも、「なんか、うれしい」と、ちょっぴり誇らしい様子です。

ジョイやレモンの存在が、そんなふうに近所から認められている様子を知って、江梨子さんは改めて思います。

(吠える吠えないより、ご近所に愛されてるのが一番大事。そういう関係が、災害が起きて、いざ同行避難という時にも、きっと活かされる)

二〇一五年八月二十五日、夏休み最後の火曜日、和歌山北警察署で、防犯パトロール犬の出発式が開かれました。出来上がったばかりのバンダナは、黄色の布に、紺色で犬の顔のイラストと、「ぼうはんパトロール犬」の文字。和歌山市地域安全推進員会北支部と和歌山北警察署の名前も入っています。地域安全推進員会和歌山北支部長の野畑久則さんから八つの地区の自治会長にバンダナが渡されました。東山一樹・和歌山北警察署長は、「画期的な取り組み」と称賛し、パトロール犬となる犬や飼い主を激励しました。

この日までに、福島小の校区で七匹の飼い主が名乗りを上げました。出発式でのパトロール犬の代表は、もかとジョイ。ただし、ジョイは初めての人や場所は苦手なので、山﨑さんがジョイの等身大パネルを作り、津村さんがそれを抱えて参加しました。岡本さん母子など、他の飼い主も出席。もかとパネルのジョイにバンダナが巻かれました。

出発式の少し前に、大阪・寝屋川市で二人の中学一年生が殺害され、遺体が大型車の駐車場や竹林に放置される、というむごい事件がありました。警察は、周辺の防犯カメラの映像を分析して、浮かび上がった男を尾行し、容疑者として逮捕しました。最近の犯罪捜査では、防犯カメラの映像が活用され、それが犯人逮捕の決定的な証拠となることがあります。しかし、どんなにたくさんのカメラを配置しても、それだけでは、犯罪そのものを防ぐことはできません。地域の子どもたちを守っていくには、どうしたらいいのか……。多くの大人たちが、考えたり悩んだりしている中での、防犯パトロール犬の出発です。

東山署長は、「防犯カメラも大切ですが、人の目も犯罪の抑止力の一つ」と指摘し、多くの犬の飼い主が、活動に参加することを期待しています。

江梨子さんの携帯電話には、その日のうちに、ジョイやレモンたちがバンダナをつけた写真が送られてきました。誰もが、やる気満々のようです。

このような地域への貢献を通して、人々の犬を見る目が少しでも変わっていってほしいな、と江梨子さんは思います。

「そうすれば、いざ災害という時に、避難所にパトロール犬用の場所を作ってもらえるようになるかもしれません」

飼い主も、今まで以上に地域との関わりが増えるでしょう。

「シルバー世代で、犬を飼っている人は結構います。そういう方が、パトロール犬の活動を通じて、地域の子どもと関われる。そんな機会にもなったらいいな」

そんな江梨子さんの思いは、地元の人々に伝わっているようです。発足から三カ月もしない間に、防犯パトロール犬の登録は、約七十頭に増えました。

家庭の愛犬から地域の愛犬へ。そして、犬を介して人と人がつながる地域――そんな犬と人との関係が、少しずつ、でも確実に実現しつつあります。

犬を飼っている人たちが散歩中に登下校の子どもたちを見守る、防犯パトロール犬が始まりました。

警察と地域がタイアップした防犯パトロールは、お揃いの黄色のバンダナを首に巻きます。お似合い。

おわりに

この取材のために和歌山に通い、もかと一緒にいる日々は、私にとって、それはそれは幸せな時間でした。

私は、猫が好きで、体の大きな犬には少し尻込みしてしまう方なのですが、もかには、そんな警戒心(けいかいしん)を一瞬にして解(と)いてしまう、不思議な力があるようです。会うたびに心がほかほかと温かくなっていくのを感じます。それこそが、もかのセラピー犬としての資質(ししつ)なのでしょう。

この資質を見いだしたのが、ドッグインストラクターの石田千晴さんであり、それを育んだのが、飼い主の吉増江梨子さんでした。そのほかにも、もかの周りには、たくさんの人がいて、もかや江梨子さんを支(ささ)えています。そういう人々も、もかと触れあうことで癒(い)やしや喜びを得ているに違いありません。

江梨子さんは、「一番、セラピーをされたのは、私だと思う」と言います。

最初は、死にかけた子犬を助けたい一心で始まった、もかとの関わり。それが、ボランティア活動に発展し、江梨子さんの人間関係を大きく広げました。

江梨子さん自身は、地域との関わり方が大きく変わった、と言います。

「初めての土地に嫁いできて、子どもが生まれてからも、地元に知り合いはほとんどいないし、ずっと〝アウェー感〟がありました。でも、もかと一緒に活動するようになって、もっと学校や地域に関わりたい、と思うようになりました。最初は、どう関わっていいかわからなかったけど、もかのことを知ってもらいたい、受け入れてもらいたい、という気持ちで夢中になってやっているうちに、楽しくなってきました。もかのおかげで、すごく世界が広がったんです」

　その江梨子さんを支えている最大の功労者は、夫憲司さんの母、美知子さんです。もかとの活動のために、江梨子さんは家を空けることが多く、土曜日や日曜日に出かけることもしばしば。そんな時、子どもの世話や食事の支度を美知子さんが引き受けます。

「よく『(姑との)同居は大変でしょう』と言われますけど、うちは一緒で本当に助かっています。お義母さんが子どもたちを見てくれなければ、今のようにフルに活動はできませんから。もかのおかげで、私は今のように素直にお義母さんに甘えられるようになったのかもしれません。子どもたちも、親に言いにくいこともおばあちゃんには言えたりします。子どもたちに、おばあちゃんという逃げ場があるので、私も叱らなければならない時にはきっちり叱れます」

犬が苦手だった美知子さんですが、おとなしいもかは、特別のようです。「わうくらす」の授業も見に来てくれて、「もかが一番賢かった」とほめてくれました。

「一人でできることって、何もない。『お願いね』『助けてね』と言える人間関係を作るのが大事。人と動物の関係はもちろん大事だけど、まずは人と人との関係だな、って思います」と江梨子さん。

一緒に過ごす時間が多いせいか、柚花ちゃんは特に美知子さんが大好き。仏壇の前で朝のお勤めを一緒にしたり、料理を教わったり。四年生の終わり頃からは、夜は美知子さんの部屋で一緒に寝るようになりました。

柚花ちゃんは、もかとも大の仲良しです。家にいると、よく一緒に寄り添っています。どちらも気立てが優しく、性格が似ている、と江梨子さんは言います。もかを驚かせないように、最初は「グー」にした手をあごの下から近づける、という江梨子さんの教えを、ずっと守っていて、その後は手の甲でもかをゆっくりなでるのが、柚花ちゃん流です。

絵を描くのが好きな柚花ちゃんは、よくもかを題材にします。四年生の時に描いた「私の愛犬セラピー犬もか」は、絵画コンクールで優秀賞をもらいました。もかの具合が悪くなり、食欲が落ちると、柚花ちゃんがドッグフードを一粒ずつ手にのせて食べさせたり、一生懸命介抱します。

お菓子作りも大好きな柚花ちゃんは、大きくなったらパティシエール（菓子職人）になるのが夢でした。けれど、もかとの活動に一生懸命なお母さんを見ているうちに、考えが変わったようです。六年生になって「将来の夢」という題で、こんな作文を書きました。

〈私は将来、ママみたいに犬を連れて老人ホームや小学校にボランティアに行きたいです。理由は前に、ママと一緒に、老人ホームに二回、行ったことがあるからです。その時、私が行くと老人ホームに入っている人たちがすごく喜んでくれて、私もすごくうれしかったからです。

私はボランティアに行くのとドッグインストラクターになりたいです。ドッグインストラクターはドッグトレーナーとちがい犬をほめて、しつけをします。

ボランティアに行くのとドッグインストラクターになれるように、犬との接し方や犬のしつけなどを勉強していきたいです〉

江梨子さんはこの作文を見て驚きましたが、自分の活動を娘が理解しているのを知って、本当にうれしくなりました。

俐空君にとって、もかは弟分。わんぱくな俐空君は、戦隊ロボットなどでもかを驚かせたりするようなこともありますが、もかが病院に預けられるのを察知して意気消沈している時などには、一生懸命慰めたりしています。

以前は犬が好きではなかった夫の憲司さんも、もかのことは家族の一員として認めているようで、何かにつけて気にかけてくれます。経営している会社の従業員慰労のバーベキュー大会を開いた時には、憲司さんが「もかが食べられるものはないのか」と江梨子さんに聞いてきました。最近、アレルギーの値がほぼゼロになった牛肉を、与えてみることにしました。初めての牛肉をおいしそうに平らげるもか。もかの中で、また憲司さんの株が上がったかもしれません。

江梨子さんにとっては、「三人目の子どもであり、頼れるパートナー」と言います。

「もかを保護した時、この子にこんな充実した日々をプレゼントされるとは思ってもみませんでした。きっとこれからも体調を崩したり、新たな病気が出たり、悩むこともあると思うけど、どんなことも楽しんで進みたいと思います。今までしてきたように……」

今回の出版にあたって、フリー編集者の二階堂千鶴子さんと集英社インターナショナルの清水智津子さんには、本当にお世話になりました。

＊　＊　＊

この後のもかの様子を知りたい方は、吉増江梨子さんのブログ「もか吉ゆったり日記」(http://ameblo.jp/moca-eri0420)やフェイスブック「ボランティア犬もかコミュニティ」(http://www.facebook.com/mocachannel) をどうぞ。

二〇一五年　一一月吉日

江川紹子

取材協力　柴内裕子（赤坂動物病院）
　　　　　小西　学（ゆい動物病院）
　　　　　石田千晴（石田イヌネコ病院）
カバー写真他　吉増江梨子
装丁・デザイン　室田　潤（株式会社　ビーワークス）

家族の愛犬から、地域へ――

もか吉、ボランティア犬になる。

2015年12月20日　第1刷発行

著者　江川紹子

発行者　館　孝太郎

発行所　株式会社　集英社インターナショナル
〒101-0064　東京都千代田区猿楽町1-5-18
電話　03-5211-2632

発売所　株式会社　集英社
〒101-8050　東京都千代田区一ツ橋2-5-10
電話　読者係　03-3230-6080
販売部　03-3230-6393（書店専用）

プリプレス　株式会社　ビーワークス

印刷所　株式会社　美松堂

製本所　ナショナル製本協同組合

定価はカバーに表示してあります。

ISBN978-4-7976-7311-1 C0095